「會展策劃與實務」
崗位資格考試系列教材
編委會 編

會展概論

崧燁文化

目錄

第六章 獎勵旅遊概述

第八章 會展主要國際組織概述

前言

本書介紹了關於會展方面的基本理論與實務理念，將會展概論的基本原理與最新資訊相結合，試圖體現新觀念和新思路，以突出會展理論的系統性、時代性、實用性和前瞻性。本書也收集近年來中外會展業發展過程中的相關案例，以補充相關理論與實務分析。

本書共分 10 章，分別對會展內涵、會展影響因素、會展經濟效應、會議管理、展覽管理、獎勵旅遊、節事活動、會展主要國際組織、國外會展業、中國會展業等方面進行了概述。本書在編寫過程中，借鑑和引用了中外專家學者在會展相關領域的最新理論研究成果和應用實踐，形成了本書的理論框架和寫作體系的基本素材，這裡特表感謝。同時，感謝姜靜嫺對案例相關連結所做的有效工作，以及周立對第九章、第十章所做的一些工作。

由於編著者在理論研究與實務操作方面的程度所限，加之種種其他原因，本書難免有不妥和疏漏之處，敬請各位讀者不吝賜教。

編者

第一章 會展概述

▌第一節 會展的內涵

一、會展的內涵與本質

（一）會展的內涵

會展是指在一定的地域空間和時間內，為達到某些預期目的，有組織地將許多人與物聚集在一起，而形成的具有物質交換、精神交流、資訊傳遞等功能的社會活動。用專業術語表述，所謂會展即是指現代城市以必要的會展企業和會展場館為核心，以完善的基礎設施和配套服務為支撐，透過舉辦各種形式的會議或展覽活動，包括各種大型的國際博覽會、展覽會、交易會、運動會、招商會、研討會、節事等，吸引大批與會人員、參展商、貿易商及一般公眾前來進行洽談、交流或旅遊觀光，以此帶動交通、住宿、商業、餐飲、購物等相關產業發展的一種綜合性活動。

會展的內涵包括廣義會展和狹義會展兩種。

廣義的會展是指在一定地域空間內，由多人集聚在一起形成的定期或不定期、制度或非制度的集體性和平活動。廣義的會展就是通常國際上所說的 MICE。M 指 Meeting，即公司業務會議；I 指 Incentive Tour，即獎勵旅遊；C 指 Convention、Conference，即協會或社團組織會議；E 指 Exhibition、Exposition 和 Event，即展覽、展銷與節事活動（圖 1-1）。

狹義的會展是展覽及伴隨其開展的各種形式的會議的總稱。狹義的會展僅包括會議和展覽會，如會展稱為 C&E（Convention & Exposition）或者 M&E（Meeting & Exposition）。許多用來描述直接交易環境的術語，如會議（Convention、Conference）、展銷會（Fair）、展覽（Exhibition）、展銷（Exposition）、商貿會展和公眾會展（Trade and Public Show）、博覽會（Expo）等，都是狹義的會展經常使用的術語。

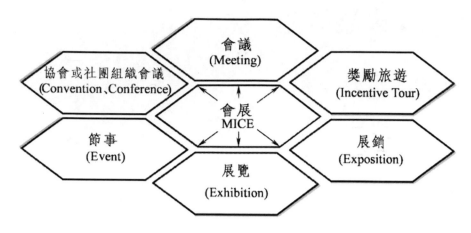

圖 1-1 會展的廣義內涵示意圖

（二）會展的本質

第一，透過服務謀求利益。雖然不同種類的會展所表現的內容和性質不同，但無論哪一種形式的會展，都具有一定程度的宣傳、展示、傳播資訊、解決問題、擴大影響的作用，舉辦會展的最根本目的，就是透過某種形式來謀求某些利益。

第二，透過激勵促使反應。會展透過競爭、展示、宣傳等方式，從物質與精神層面對人們進行激勵，促使人們做出反應，從而不斷奮發向上。如商品會展是透過商品的展示、宣傳等方式，激勵廠商優化資源配置，生產更多品種和更好品質的商品，從而滿足市場需要和實現自身利益最大化。各種體育競技運動是透過競爭、宣傳等方式，激勵人們強身健體，為自身、集體以及國家爭光。

第三，透過交流互惠互利。會展作為一種經濟流通媒介，透過資訊交流與對話溝通，既有利於增加資訊量，又有利於化解矛盾，可使供需雙方乃至會展舉辦方互惠互利，還可能帶來招商引資的好處。同時，透過會展中的社會交流活動，人們在精神上可以得到滿足。

第四，透過產業創造效益。會展業是一項綜合性的產業，它涵蓋了會議、展覽、節事、旅遊等綜合性活動，故而伴隨著人員的大規模流動性消費，可以給當地帶來可觀的綜合性社會效益和經濟效益。

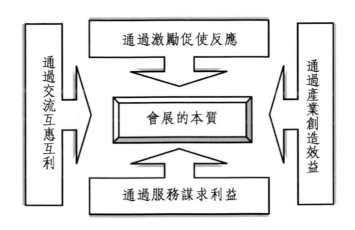

圖 1-2 會展的本質示意圖

二、會展的形成與分類

（一）會展的形成

會展是人類物質文化交流活動發展到一定階段的產物，是伴隨著貿易的出現而形成並發展的一種市場形式。從傳統的集市、廟會，到近代的樣品博覽會，再到現代展覽會和博覽會，以及各種類型的大型會議、體育競技活動、集中性商品交易活動等，都屬於會展的範疇。隨著世界經濟的不斷發展，工業分工越來越細，新產品、新技術層出不窮，展覽也出現了新的形式，不再是單純的為展而展、為銷而展，而是附之以經貿洽談會、技術交流會、專業研討會、新聞發布會、報告會等各種形式的會議，形成了展會結合的發展格局。

隨著經濟全球化以及科學技術的飛速發展，展覽會與博覽會為科學研究成果、技術革新、新發現與新創造在國際生產領域的應用和傳播造成了不可低估的作用，會展業早已走上了市場化的發展道路。由於會展業在世界經濟和旅遊業發展中的地位日趨重要，因而獲得了「觸摸世界的窗口」、「城市

的麵包和乳酪」和「旅遊業皇冠上的寶石」等美稱，被越來越多的國家重視和開發。時至今日，會展業正以其強大的功能、不可替代的作用及嶄新的形象，迅速成長為世界第三產業中舉足輕重的行業。

（二）會展的分類

會展的內容主要包括三個部分：一是博覽會、展覽會、展銷會、招商會、博覽展銷會、交易會、貿易洽談會、展評、樣品陳列等；二是各種類型的大型國內外專業會議（包括公司會議、協會會議等），如世界建築師大會、世界萬國郵聯大會、世界婦女大會、APEC 會議等；三是獎勵旅遊以及各種節事活動（包括慶典活動、體育競技運動、科技活動、文化活動、大型節慶活動、民俗風情活動等），如許多城市舉辦的旅遊節、服裝節、啤酒節、文化節、電影節、模特大賽等，都是會展的內容。其中最主要的部分是展覽會。

因此，會展可以有多種分類方式，一是可以根據產業對會展進行分類，如醫療保健類、工程類、電腦和電腦軟體類、家用設施和室內設計類、運動用品和娛樂類、教育類、建築類、園林景觀類、電信類，等等。二是可以根據市場對會展進行分類，如商貿類（企業對企業）、消費者類、綜合類、國際博覽會類，等等。三是可以根據群體對會展進行分類，如買方（會展的觀展者）、賣方（產品供應商／參展商）、會展組織者（組織會展的個人或公司），等等。

三、會展的發展條件

發展會展需要一定的條件。第一，會展城市應擁有較發達的經濟。從國際會展的發展經驗看，展覽場館的建設往往集中在經濟發達、金融貿易集中的地方，或具有地方特色、某一產業非常發達、在世界頗有影響力的地方。例如，即使在展覽大國德國，大規模的場館也僅建造在漢諾威、法蘭克福、慕尼黑、科隆、杜塞爾多夫等幾個具有特色產業、經濟較發達的城市。第二，會展城市要具有較高的開放程度。在中國，會展經濟發達的城市開放程度都很高。第三，會展城市的第三產業相對發達。由於會展是系統工程，與交通、通訊、住宿、餐飲、旅遊、商業等行業有較強的關聯性，需要這些行業提供完善的服務，因此，會展一般都會選擇在第三產業相對發達的城市舉辦。第

四，會展城市應有條件培育特色會展項目。如德國漢諾威的工業博覽會、法國巴黎的時裝展等。第五，會展城市擁有豐富的旅遊資源會提高城市會展的吸引力。世界上著名的會展城市，如漢諾威、法蘭克福、米蘭、新加坡等，都是著名的旅遊城市。

四、會展的經營理念

（一）會展的經營

國內外會展的經營主要包括以下三種：一是官營，即政府投資，政府發展，政府經營或是政府的有關單位經營。如中國國際展覽中心的經營模式。二是商營，即民營，沒有政府的參與，純粹是商業經營，私人投資買地建館。目前純粹商業經營的展館很少。三是官商合營，即場地和展館的產權屬於政府所有，而由商業性的專業管理公司負責經營。如香港會議展覽中心的經營模式。目前世界上大多數的會議展覽中心的經營模式是第一種和第三種。

（二）會展的理念

會展企業的發展在很大程度上取決於它的經營方式。目前在世界範圍內，企業的生存、發展需要改進傳統的經營方式，會展經營理念也由傳統的「以產品為中心」轉向「以顧客為中心」。在這樣的大背景下，對於構成會展活動重要部分的會展公司以及參展企業來說，確立正確的經營理念並以此指導會展的經營、運作，就顯得尤為重要。

▌第二節 會展的起源與發展

一、古代會展的起源

在原始社會的石器時代，由於自然資源分布不均以及各原始共同體之間生產技術存在著很大的差別，使得原始共同體之間的交換成為必然。但由於人們對自然物質的加工能力極其低下，還不可能形成會展這種大規模的物質文化交流活動。展覽只能是原始形態的展示，表現在宣傳性展覽上是很粗糙的岩畫、文身、圖騰崇拜；表現在貿易性展覽上是物物交換的地攤和簡單的叫賣，與此同時，還出現了「敬天神、頌祖宗」的祭祀展覽。祭祀展覽展品

較為豐富,有牲畜、酒食等;展具較為考究,有陶器、鐵器,甚至還有銘文;展出時還有鐘鼓音樂、歌舞渲染等,是綜合性的展示藝術活動。尤其在原始社會末期,隨著人類社會大分工的發展和擴大,人類社會形成了專門從事農業生產的部落、專門從事手工生產的部落和專門從事畜牧業生產的部落,這些部落之間為獲得自身沒有的物品,在部落之間,便開始了經常性、習慣性的物物交換。但這種交換的地點不固定,也不是定期的,規模很小。

儘管原始社會的物物交換沒有固定的地點和固定的時間,只是偶然的臨時性交易,但它已經具備了展覽的基本特徵:陳列和展示。同時,社會大分工的發展,畜牧業、農業和手工業的分離,尤其是青銅器和鐵器的使用,都使社會生產力進一步發展,社會結構進一步分化,商品生產和交換成為可能,從而為集體性物質交流活動的出現提供了契機。

到了封建社會,隨著生產力的發展,宣傳性展覽中出現了大型洞窟繪畫、華麗的壁畫、武器陳列、繡像陳列。宗廟和祭祀展覽也更為豐富和隆重,次數也更為頻繁。貿易展覽出現了「列肆十里」的街市和慶會,尤其是廟會和集市,不僅定期舉行,還伴有文藝表演(如歌舞、雜耍、戲劇等)。隨著貨幣的發展和流通,這種貿易展覽也由物物交換上升到貨幣結算,使展覽產生了質的變化。

到了生產力更加發達的資本主義社會,隨著科技的進步,展覽在形式、內容上都有了重大的突破。例如採用融聲、光、電於一體的綜合表現手法的展覽,甚至出現列車展覽、汽車展覽、輪船展覽、飛機展覽(即把展品裝在某一大型運輸工具上,到處流動,供人參觀),以及僅僅放映錄影或張貼圖表,甚至採用電傳交流的貿易展覽等。由此,規模和形式空前壯大的展覽會、博覽會和各種不同類型的博物館、展館紛紛出現。特別是到了工業革命時期,現代交通通訊工具的出現,遠洋運輸事業的發展,為人類大型物質文化交流活動的形成提供了物質和社會文化基礎。在這一時期,才誕生了真正意義上的會展活動。

二、古代會展的發展

(一)國外古代會展的發展

　　歐洲的展覽會是從中世紀的集市發展而來。在歐洲，「集市」一詞源於拉丁語中的「Feria」，是宗教節日「Holiday」的意思。這表明那時人們往往選擇某一個宗教節日組織集市。展覽（Exposition）一詞則源自拉丁語「Exponere」，意為「解釋」，也更符合「向公眾或個人展示、陳列和展覽」的含義。

　　歐洲的集市最早出現在希臘，最初是用來交換和買賣奴隸的。到了古奧林匹克時期（公元前 700～800 年），希臘有了常規的集市，並與奧林匹克運動會同時舉行。希臘早期的集市大都是一年一次，甚至兩年一次。而在古羅馬，民眾每隔 8 天就聚集一次，聽官吏頒布法令和宣布裁決。與此同時，這裡也舉辦集市，如魚市、米市、油市等週市（Weekly Marketplace），農民、小生產者、商人在大街上搭起臨時攤位，交換或出售產品。羅馬帝國擴張版圖時，把羅馬集市帶到歐洲其他地區。歐洲集市在 11～12 世紀進入鼎盛時期，規模較集中，舉辦週期較長，具有零售、批發、國際貿易、文化娛樂等功能。

　　這種集市貿易專門以滿足買賣雙方的交易活動作為辦展的宗旨，因而歐洲的展覽會一直具有很強的貿易性，故又有「展貿業」一說。同時，這種集市還表現為特許集市的形式，由國王、教皇、城市或地方長官授予舉辦展貿的權力，主要在宗教節日舉行。所以，以會展為主的貿易活動在歐洲最初由皇家特許某些城市和地區經營。從那時起，會展業就成為歐洲一些城市發展的重要動力和影響因素。而隨著特許權的廢除，貿易展覽活動在歐洲蓬勃發展起來。

　　展貿促進了地區間經貿活動的發展。展貿期間，參展者和來訪者都能享有一些特權（如稅務減免、人身財務保護等），此舉可以吸引更多的人來參加展貿活動。舉辦方還成立了展貿法庭處理交易糾紛和進行交易證明登記。大規模的展貿活動始於 11～12 世紀，其中最重要的是在伯爵領地「香檳地區」的展貿（Champagenermessen），它也是歐洲重要的集貿中心。

　　14 世紀歐洲文藝復興時期以後，集市作為一種商業制度開始顯得陳腐起來，經營商業的新的方式正在取而代之。在這一商業道路不斷變遷的時期，批發商的興起、工業、商業和運輸業的迅速發展改變了傳統集市的經營方式。

生產者為了尋求大批銷售貨物的機會,便於批發商選擇訂購產品,紛紛採用提供樣品和圖樣的方式進行貿易。這樣,傳統的集市便逐漸發展成樣品博覽會和展覽會。

(二)中國古代會展的發展

中國集市歷史悠久,在古代,集市是市、集、廟會等多種市場形式的統稱。在中國,集市形成於殷、周(公元前 11 世紀)之際,在唐宋時期得到了蓬勃發展。集市在不同的時期和地區,有許多種形式和名稱,如市、草市、墟市、場等。集市的參加者主要是農民、手工業者,他們之間的買賣活動是生產者向消費者直接出售,是生產者之間的產品流通。幾千年來,集市一直是中國商品流通的重要途徑。

在古代城邑裡,集市一般稱為「市」。城邑裡的集市隨著貨幣和商人的介入,逐漸發展成商業區,具備了商業性質,如市中先後出現了零售性質的肆和批發性質的邸店。在古代農村,集市一般稱為草市、村市等。草市產生於東晉,發展於唐,到北宋年間,草市遍布各地城郊。除了城鄉各有特色的集市外,還有一種城鄉並存的定期集市,即廟會。由於這樣的集市是因宗教事件產生、發展起來,並在宗教場所內舉行,因此一般稱為廟會,也稱廟市。在中國,廟會的歷史悠久,在唐朝已流行,宋朝繼之,明、清盛行。最初,在宗教節日,寺廟及祭祖場所因有許多人求神拜佛,一些小生產者、商販便藉此集會兜售香火、供品等產品。後來,逐漸百貨雲集,這裡成為比一般集市規模更大、貨物更多的大型集市。特別是明清時期,京城、中小城市、鄉村都有廟市。廟會作為商品交換形式,對促進商品流通和溝通城鄉聯繫,都具有重要的歷史作用。

在中國,古代的集市和廟會基本上是自然產生、自然發展的,但是有組織的展覽形式也出現過。據記載,在唐代天寶初年(公元782年),陝郡太守、水陸轉運使韋堅開槽渠引渭水至長安,在宮苑牆外造廣運潭,廣集各地酒舟所載的地方特產供皇帝觀覽,展示茶米油鹽、山珍海味、綾羅綢緞、奇珍異寶、珠寶首飾、紙筆硯墨等。就形式與規模而言,已具博覽會雛形。另據記載,隋大業五年,隋煬帝在張掖舉辦了由西域各國參加的「萬國博覽會」。同時,中國古代也出現過專業性的展覽形式。如唐代曾收集各地收割用的農具,陳

列於殿堂，以供王公大臣等參觀，倡導農具革新。元代紡織專家黃道婆死後，人們為紀念她，將其生前所用的紡屏、織機彙集在一起，立廟展覽。

　　儘管會展活動在中國有較長的歷史，但在漫長的封建社會裡，中國長期處於自給自足的自然經濟狀態，社會分工不明顯。農耕文明也制約了商品交易的充分發展，歷代封建王朝大多採用重農抑商政策，使以商品交易活動為主要基礎的會展活動發展緩慢。

▌第三節 會展的特點

　　會展是伴隨著生產力的不斷提高而產生並發展起來的。在漫長的發展過程中，會展的形式和內容不斷地發生著變化。從最早的集市到今天蓬勃發展的展覽會、博覽會，會展不僅給社會帶來了良好的經濟效益，還豐富了人類的物質文化生活。作為人類經濟生活的一種重要形式，會展主要有以下特點（圖 1-3）。

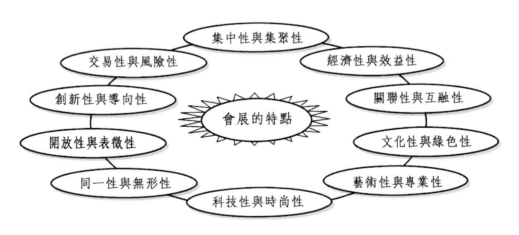

圖 1-3 會展的特點示意圖

一、集中性與集聚性

　　集中性。會展最大的特點在於資訊的「集中」。主辦者透過自己的工作，把大量的展品在一個經過特定設計的展廳內集中展示，同時又把大量的觀眾集中在此參觀，使展者（展商）與觀眾（客商）在短時間裡集中交流資訊。

如 1889 年巴黎世界博覽會的參會總人數為 3200 萬；1970 年大阪世界博覽會入場的總人數為 6400 萬；1992 年西班牙塞維亞世界博覽會展出 176 天期間，吸引了五大洲 108 個國家的 4200 萬人；2000 年德國漢諾威舉辦的世界博覽會在 153 天中總共接待了 1800 萬人次。

集聚性。會展使得大量的人、物品、資訊在同一時間、空間上集聚。大型會議、展覽活動可以給會展舉辦地帶來源源不斷的商流、物流、人流、資金流、資訊流，促進舉辦地的經濟發展。同時，會展舉辦地的集群化，也是現代會展集聚特性的一個表現形式。世界眾多會展名城和會展城市圈多處於經濟發達地區。如德國的「工業心臟」魯爾工業區的會展名城，包括杜塞道夫、埃森和科隆。

二、經濟性與效益性

經濟性。透過會展，可以將買主和賣主集中在一起，使其相互接觸、交流、洽談、簽約成交，從而使會展產品順利地流入市場或消費者手中。透過會展活動，可以減少會展產品的流通環節，節約了流通費用，表現出極佳的經濟性。中國茅台酒的輝煌，是巧妙利用會展獲得經濟利益的成功範例。早在 1915 年的世界博覽會上，中國參展人員故意失手打破一瓶茅台，展館頓時瀰漫醉人的酒香，引來無數觀眾和買家。茅台酒也因此榮獲國際金獎，位列世界名酒第二。

效益性。會展是高收入、高贏利的行業，其利潤率在 20% 以上。據統計，美國整個會展業每年的直接消費能達到 828.2 億美元，並產生 1230 萬美元的直接稅收。如果考慮乘數作用的話，美國會展業每年的經濟貢獻就達到 2464 億美元。會展的高效益在於其自身創造經濟效益的同時，還在創造就業機會、改變產業結構、帶動相關產業發展、推動城市基礎設施建設、加強資訊溝通、促進技術交流、增強貿易往來、擴大對外交流與招商引資、提高城市知名度、改變城市環境和市民素質等方面，發揮日益重要的作用，帶來無法估量的經濟效益和社會影響。

三、關聯性與互融性

關聯性。會展是關聯度極高的產業,其發展不僅能給城市帶來場租費、搭建費、廣告費、運輸費等直接收入,還能極大地影響城市建設、交通、金融、通訊、旅遊、住宿、餐飲、商貿、物流、廣告、印刷、保險、裝飾等相關產業,吸引數以百萬計的客商,創造數以萬計的就業崗位,影響大、規模高,能拉動社會綜合消費,具有強大的產業帶動效應。發達國家會展業對城市經濟的拉動比例為 1:8 至 1:10,即會展業每收入 1 元,關聯產業可增收 8 元至 10 元。發展中國家的比例相對低一些。

互融性。互融性包括兩方面,一方面是互動性,即透過參與各種形式的會展活動,會展交易雙方相互接觸,面對面進行交流、互通資訊、洽談、簽約成交,做成買賣。這是因為:首先,會展活動是一個重要的資訊傳播平臺,會展中的實物或產品可以傳達更多的資訊;其次,由於會展活動的參與主體具有明確的目的,使得透過會展傳遞的資訊具有雙向性、回饋快、準確、效率高等特點;再次,會展活動會形成以舉辦地為中心、向四周輻射的經濟效應,不僅促進舉辦地的經濟發展,還會帶動舉辦地周邊地區的相關產業的發展。另一方面是交融性,即指會展的各組成部分(如會議、展博覽會、獎勵旅遊和節事活動等),往往會中有展,展中有會,以展養會,以會促展。具體來看,獎勵旅遊的交融性是指,它越來越多地和各種獎勵會議、研討會、經驗交流會、培訓會結合在一起,既節約了成本,又提高了效益。節事活動的交融性是指,一方面,許多大型會議和博覽會本身就是節事活動,如奧運會和世博會;另一方面,許多大型文化體育等節事活動又包括了會議和博覽會,如一些地方舉辦的國際服裝文化節就包含了國際服裝博覽會、國際服裝面料展覽會、國際紡織器材展覽會和國際服裝設計研討會等內容相關的會議和博覽會。會展設施的交融性是指,展覽與會議、大型活動的舉辦地點、設施往往合一,如現代新建的會展中心或展覽中心、大型酒店,一般都同時具備會議和展覽的功能。

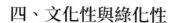
四、文化性與綠化性

文化性。會展以其獨具的文化性逐漸成為對內對外展示自己的最好工具。大型會展的舉辦,無論會展主題是什麼,都是以一定文化為基礎的。商務性的會展(如廣交會)、國際旅遊展銷式體育賽事的會展(如世界女子足球賽、九運會)、民俗風情的會展(如廣州國際美食節),都以突出民族文化為己任,內容十分豐富。越是民族的,也越是國際的,強烈的民族文化更能烘托這些會展的文化主題。

綠化性。環境保護問題及可持續發展觀已成為會展籌辦從計劃到實施的重要組成部分,提倡「綠化會展」的理念將有利於會展的環境保護工作,進一步促進人與自然的和諧發展。具體表現為:會展前採取行之有效的環境綜合治理措施,有效減少會展中的廢棄物;會展中選擇低能耗、無汙染的綠色產品;節約用水,等等。如北京奧運會的綠色奧運理念已經深入人心。

五、藝術性與專業性

藝術性。主要是指展覽自身的藝術性。為了突出展示產品的形象,展覽的主辦者和參展者往往綜合運用聲、光、色、形以及文字、圖像等藝術手段,將展館、環境、展品布置得唯妙唯肖、美輪美奐。置身於展覽館內,彷彿置身於立體藝術、平面藝術、燈光藝術、音樂藝術的海洋,美不勝收。

專業性。會展業有極強的專業性。對會展業各項活動的主辦方和承辦方來說,從申辦、競標到策劃和籌辦,再到運作和接待,有的大型會展活動需要經歷幾年的時間,甚至於要十多年的時間,是一個系統工程。全球會展業是由一批專門的國際組織來協調、研究、幫助和支持並進行行業管理的。如國際會議策劃人員協會(MPI:Meeting Professional International)、國際專業會議組織者協會(IAPCO:International Association of Professional Conventional Organizers)、國際會議協會(ICCA:International Congress & Convention Association)、國際展覽管理協會(IAEM:International Association of Exhibition Management),獎勵旅遊商協會(SITE:The Society of Incentive & Travel Executives)、國際展覽聯盟(UFI:Union of International Fairs)、國際協會聯盟

（UIA：Union of International Association）和亞太地區會展場地管理協會（VMA：Venue Management Association Asia Pacific Limited）等。

全球會展業還有一群專門人才和企業來運作。如會議策劃者（MP：Meeting Planner），專業會議組織者（PCO：Professional Convention Organizer）、專業活動組織者（PEO：Professional Event Organizer）、認證展會經理（CEM：Certified Exhibition Manager）和目的地管理公司（DMC：Destination Management Company）等。這些專業人才都需經過專門培訓，並要得到專業權威機構的認證。專業人才形成會展業的圈子，正規的國際會議就在這些專業圈裡流動和運作。通常，會議舉辦者和計劃者在選址時，首先會尋找目的地的 PCO 和 DMC。

六、科技性與時尚性

科技性。一方面，會展是否成功在很大程度上取決於最新技術、最新資訊展示和發布的多寡。在產品更新換代頻繁的 IT、汽車、航空等專業展中，其科技性表現得更為突出。另一方面，越來越多的大型國際會展自身的科技水平就很高，其中尤為重要的是現代資訊技術的運用，電子識別系統、網上登記、聲光電結合布展技術等已被廣泛採用。

時尚性。會展具有展示時尚、引領時尚的功能。會展往往成為引領世界潮流的新概念產品「橫空出世」的最佳舞臺，蒸汽機、電動機、海底電纜、飛機、汽車、無線電通訊、裝配式建築、可視電話、GPS 全球定位系統等許多改變人類生活的重要產品，都是從大型會展走向世界的。時尚、前衛的產品在會展上得以充分展示，使最新技術得以廣泛交流。

七、同一性與無形性

同一性。會展活動具有生產與消費高度同一性的特點。會展活動的過程同時也就是參展商與觀眾的消費過程，兩者在時空上不可分割。會展活動必須有參展商與觀眾直接加入其中，才能有效完成整個會展活動。也就是說，在會展活動過程中，生產者與消費者必須直接發生聯繫，兩者之間是一種互

動行為。會展的生產與消費同一性的特徵,使會展無法像其他有形產品那樣銷售不出去可以暫時貯存起來。

無形性。會展活動是以服務性為主的活動。它雖然依託了一定的實物形態的資源與設施,但是會展主辦者為參展商與參觀者提供的主要是各種服務,包括策劃、設計、廣告、管理、衛生、安全,等等。因而會展活動的價值並不是完全凝結在具體的實物上,而主要是對於會展質量的評價,也主要取決於參展者對服務質量的感受。

八、開放性與表徵性

開放性。會展活動是人類物質文化交流的重要形式,它不是簡單的個體經濟行為,而是一種集體性的大規模物質、文化交流方式,是在開放體系下才能夠存在的經濟形態。會展的發展必然會引起社會資源和要素在全國乃至於全球範圍內的自由流動,提高各國、各地區的開放性,使整個世界成為一個開放的體系。

表徵性。現代意義上的會展活動是隨著社會生產方式的演變與經濟全球化進程的推進而興起的。同時經濟全球化的深入發展也極大地刺激了企業、政府和各類組織在全球範圍內尋求合作與交流的慾望,這無疑加速了會展業的發展和會展經濟的興起。可見,會展是社會經濟發展到一定階段的產物,對經濟運行狀況具有表徵作用。

九、創新性與導向性

創新性。會展是新產品、新技術、新資訊在世界亮相的重要舞臺,也是其走向消費、實現自身價值的起點。沒有創新,會展就沒有生機,就會失去其吸引力。當然,在展覽會中人們也可以看到老產品,這些老產品大都是名牌,展示這些老產品也是源自於創新的需要,即借助於會展展示其技術革新與產品形象,尋找新的市場等。而在文物展中,所有的文物與考古發現的展品,都是過去時代流傳下來的,它們反映了古代的文明及其進化過程,是人類認識歷史的重要途徑。所以,文物的展示價值就在於它的「舊」,人們可以透過它來瞭解歷史,發掘新的內涵。近 100 多年來世界各國的眾多發明,

絕大多數都是首先借助展覽會得以傳播。世界首富比爾·蓋茨，也曾在電腦展覽會上推介微軟的最新產品。

導向性。會展能夠超前地、全面地、專業地透過會議和展示來討論並展現當前社會科學技術和工農業生產的發展趨勢及最新成果。僅以展覽會為例，正是展覽會的導向性，才使得它能造成推廣和展示新技術、新產品、新觀念和新知識的作用。由慕尼黑國際博覽集團每年舉辦的國際性展覽會數目達 30 多個，來自世界 90 個國家的 3 萬個參展商和來自 150 個國家和地區的將近 200 萬名參觀者前來參觀這些盛會。這些展會吸引眾多觀眾的最主要原因就是展會的導向性。

十、交易性與風險性

交易性。會展經濟從某種程度上說是一種交易手段。它提供給會展商、參展商和參觀者面對面交流的機會，從而省去了廠商尋找合作者、訂立契約、議價談判等中間交易過程，降低了廠商與企業的交易費用，也減少了消費者尋找新產品的機會成本。

風險性。會展業是高贏利的行業，其利潤率大約在 20% ～ 25%。但由於會展是一個複雜的市場，組織者在抓住機遇的同時也要面臨很多風險。首先，辦展的前期投入非常大，會展業所需的雄偉寬敞的會展場館、技術先進的會展設施以及優越規範的會展服務都需要大量資金的投入後才能獲得；其次，沒有品牌的會展就難以吸引足夠數量和質量的參展商，而參展商的質量又決定了能否吸引到有效的購買商；再次，除了要使會展有強勁的產業依託，能夠代表行業的發展方向外，還需要得到權威協會和行業代表的大力支持，以提高展會的聲譽和會展產業的經濟效益。

同時，也應注意到，會展的特點並不是一成不變的，應根據會展變化的特點，制定相應的會展戰略決策和會展企業的經營決策。

相關連結

現代展覽、貿易雜誌與電子商務

　　在今天的商業社會中，展覽會、貿易雜誌和 Internet 都作為溝通貿易往來的媒體，在不同的時代和領域發揮著各自的功能。現代展覽業的蓬勃發展，為全球的貿易帶來了顯著的經濟效應。傳統的貿易雜誌儘管沒有展覽業那樣為供求雙方提供直接面談的交流機會，但各地區經濟發展的不平衡以及貿易雜誌自身的特點，使其在今天的貿易往來中依然發揮著應有的作用。Internet 發展到今天，已經踏入了電子商務（E-commerce）時代，這也是它的最終主要商業用途。電子商務帶來快捷、方便的購物手段，消費者的個性化、特殊化需要可以完全透過網路展示在生產商面前，同時，還可以減少中間費用，使產品直達消費者，拉直以往迂迴的經濟模式。展覽、貿易雜誌、網路推廣（電子商務）各有特點，優勢互補，對生產商來說，三種途徑是拓展國際市場的最佳組合。

　　據美國展覽業研究中心（CEIR）的統計表明，展覽會是銷售產品、拓展國際市場的重要途徑。國內透過參加海外的貿易展覽，直接把產品推銷給境外的專業採購商，這是生產商擴大出口、開發國際市場的有利渠道。展覽會可以在同一時間內集中見到數以萬計的專業商家，有機會和他們進行面對面的洽談和訂貨。除了認識到更多的潛在客戶、對老客戶進行回訪以建立更進一步的貿易關係外，展覽會（特別是國際的專業展覽會）還能夠使生產商親臨現場接觸國外的同類產品，參與業內同行的交流和行業研討會，瞭解和考察國外當地的市場，知道產品的最新發展趨勢，而且還可以與國外同行建立廣泛而必要的業務聯繫。展覽會作為直觀有效的貿易渠道，這一點是傳統貿易媒體和電子媒體所不能比擬的。

第二章 會展的影響因素

▌第一節 會展的宏觀影響因素

一、經濟發展

　　經濟發展對會展的影響主要有以下幾方面。其一，國家的宏觀經濟運行狀況會影響到會展供求的均衡。當國民經濟穩定增長的時候，會展的供給和需求都會相應地有所增長；而經濟增長緩慢甚至蕭條時，會展的供給和需求都會降低，直至達到新的均衡點。其二，某一國家或地區會展發展以及會展市場狀況，與該國家或地區的經濟發展水平息息相關。這種內在的關係表現在兩個方面：一方面，會展的活躍可以對地方經濟形成極強的帶動作用，拉動相關行業的快速發展，促進地區經濟的增長；另一方面，如果一個地區的經濟發展態勢良好，地區經濟交流活動頻繁，也有利於會展供給水平的提高和會展供給結構的合理化，而經濟相對落後的國家或地區，會展市場供給狀況也必然受其影響。其三，經濟發展水平的高低決定了對會展基礎設施投入的大小，如會展場館、交通設施等。其四，經濟發展水平、相關行業的發展以及會展行業的發展、會展供給等變量之間成正相關的關係，即經濟發展水平越高，會展相關行業發展良好，配套條件比較成熟，會展行業發展的環境就更為優越，會展供給和需求就更為旺盛。

二、社會體系

　　會展是商業活動高度發達、對外開放達到一定水平後的產物。任何一個封閉的社會經濟體系，都會嚴重影響會展的形成和發展，影響會展的總量和結構。一般而言，在對外開放程度高、商業發達的國家或地區，會展才能迅速發展，會展體系才能更加完善，會展才會更快更好地滿足會展市場的需求。

三、宏觀調控

　　政府的宏觀調控，可以刺激或抑制該國家或地區的會展發展，具體表現在以下五個方面。一是政府利用稅收政策來調節會展市場的供求數量；二是

政府利用價格政策來調節會展市場的供求數量；三是政府可以透過中央銀行調整投資項目的貸款利率，相對提高或降低貸款利率可以抑制投資或刺激投資；四是政府可以利用土地政策來協調會展的供求；五是政府透過對會展的宏觀調控，可以確保參展者的利益，力求會展供求的均衡。例如，德國聯邦食品部、農業部以及林業部等都對部門內的各種專業性展覽會提供出國參展的經費支持。

四、行業發展

行業的發展也會影響到會展。行業主管部門對會展業的發展缺少總體規劃，對其結構、數量、分布沒有明確認識，且沒有專門的行業資訊披露部門，就會使各投資主體的投資行為具有盲目性。會展市場上的供求平衡是有條件的、暫時的，而失衡卻是絕對的、無條件的。因此，在會展供求雙方的矛盾運動中，新的平衡不斷被打破並轉化為新的不平衡。會展行業協會是會展產業中各個微觀主體與政府宏觀監管部門之間的聯繫紐帶，它的建立與成熟對會展活動的總量、結構、質量等都有著直接的影響。縱觀發達國家會展產業的發展歷程，可以發現會展產業的發展不能完全靠市場機制運作，必須要有行業規範，要有行業干預和協調機制。德國展覽協會（AUMA）是聞名全球展覽界的展覽協會，它與德國政府經濟部門、經濟領域的各個行業都保持著密切關係，並在展覽業內開展積極的指導、協調工作，德國展覽項目的培育和發展、德國展覽行業的正常運行在很大程度上都要歸功於它。

五、安全因素

會展活動的重要特徵是高密度、大流量的人口集中與流動，這是由會展活動的固定性、即時性以及會展規模越來越大等因素造成的。會展活動的這種特徵可能成為各種會展危機的隱患和來源，如公共衛生、人身安全等。這些危機一旦爆發，對於會展行業的影響將是全面的。例如，中國 2003 年爆發的 SARS 危機，曾經給中國的會展業帶來沉重打擊。據統計，從 2003 年 4 月到 6 月的近 1100 天內，上海、北京、廣州等地全年會展的 30% 的廣告延期或停辦，產業損失約達 40 億元，占全年生產總值的 50%。2001 年美國發生「九一一」恐怖襲擊事件以後，其會展業也大受影響，各協會的與會人數

下降了37%，而2000年度預測的數字只有9%。這次事件對西方其他相關國家同樣產生了影響，根據《英國會議市場調查2002》可見，英國的會議組織中公司類會議有1/4被迫中止或延期，協會類會議也有12%出現同樣情況。

六、地理位置

地理位置和交通資訊等條件制約著會展發展的全過程。早期的會展往往都是在地理位置、交通和資訊條件優越的地區首先形成的。距離主要航線或主要交通軸線的遠近成為影響會展形成和發展的重要因素，而主要交通樞紐在會展的形成過程中發揮著重要的集聚作用。優越的地理位置、交通資訊條件是一大社會經濟資源，會展就是在此基礎上形成發展起來的。

七、供需關係

會展的供需關係表現為，首先，會展供需的結構矛盾表現在會展供給的檔次和級別與會展需求不相適應。由於一定時期內市場提供的會展產品水平是相對穩定的，而會展需求卻是複雜的、多樣的，從而造成了現實中會展熱點地區供不應求，偏僻地區則供過於求的現象。其次，會展供給的空間矛盾表現在會展供求在地域分布上的失衡。例如，有些大城市，由於區位條件優越，其提供的會展在類型、數量、質量方面都具有競爭優勢，該地區會展供給能力自然就強；反之，有的偏僻地區即使存在會展需求，但由於會展所需各項設施不具備，就無法實現會展供給。再次，會展供需的時間矛盾表現在會展需求往往與參展者產品的生產週期（如新產品投放期）、會展週期（如世博會）等時間因素有著密切的聯繫，而有些會展供給，尤其是展館的供給在一年之中是穩定的，因而經常會出現旺季需求過剩、供給不足，而淡季則需求不足、供給過剩的矛盾局面。

相關連結

斯科特假日酒店選擇「Passkey」以方便會議計劃者的團隊預訂

會議計劃者將「Passkey」看成是整個會議管理過程中的一個關鍵組成部分。

斯科特假日酒店宣布該酒店的所有會議計劃者現在都能使用 Passkey，以進一步與競爭對手的酒店會議服務相區別，會議的計劃者和出席者將馬上能從斯科特假日酒店的這一決策中受益。斯科特假日酒店負責公共關係的總裁 Karen Murray Boston 解釋道，「作為一個單位的中等規模的會議目的地，我們將使我們的會議計劃者和會議出席者感到物有所值，會議計劃者的成功就是我們的成功，為他們提供 Passkey 顯然能確保所舉辦的會議能順利地進行，同時為我們的員工提供了正確的解決方案以便更好地服務於我們的客戶。」

作為一個以團隊為主的目的地，斯科特假日酒店決定將 Passkey 整合到它的業務流程中以保持競爭優勢，進一步提高客戶的滿意度。透過 Passkey 的使用，斯科特假日酒店能夠提供給會議計劃者以下好處：準確、即時地觀測會議服務中出現的問題及解決；客製化的會議服務網頁，允許會議出席者在線預訂；快速進入網頁查看報告和最新的房間預訂單；將會議首選的註冊方案整合到酒店網頁中；方便地獲取所上載的會議客房出租單。Passkey 國際公司的首席執行官 Greg Pesik 評價道，「我們對會議計劃者和酒店的承諾是清楚的，即提供給他們一種能提高他們工作效率和競爭力的解決方案，該方案能立即生效並取得引人注目的成效。」

（資料來源：未名 . 酒店現代化）

第二節 會展的微觀影響因素

一、會展微觀主體

公司、團體、企業、組織、協會等會展市場微觀主體在規模、管理方式、資源狀況、組織生命週期等方面表現出來的特徵和行為方式是影響會展的最重要因素之一。一般來說，行業內企業數量越多，組織規模越大，則組織與組織之間、企業與消費者之間以及組織內部間的交流與交易活動就更為頻繁，各種會議、展覽、活動的組織和舉辦就更為積極和踴躍。從組織管理方式的角度來說，那些組織結構扁平化，鼓勵跨部門、跨組織交流，組織管理更為靈活，組織文化更加開放的企業和機構，更容易提高會展市場供給；而組織

結構比較僵硬、組織層級鮮明、組織文化封閉的組織和機構,則對會展活動的需求較弱,進而影響會展市場。

二、會展消費認知

由於相對而言,會展活動更強調顧客的直接感受,因而更符合顧客體驗經濟的發展趨勢。在會展活動中,消費者與企業、產品進行面對面的交流,從中獲取的資訊更加豐富,專業性更強,更具有針對性。這些產品和資訊不僅代表了會展行業的先進水平和發展方向,而且便於顧客進行同行比較。因此,會展活動對那些素質高、專業知識豐富、崇尚體驗的消費者來說,具有更大的吸引力;同時,大量專業會展消費者踴躍地參展和積極地互動,也可以提高參展商的參展熱情,便於參展商及時瞭解市場行情,改進產品和服務。因此,在消費者與參展商的互動過程中,會展消費者的知識結構、對會展的認知、對參展企業的興趣等,都必然影響會展市場。

三、會展感知差異

會展感知差異主要表現在實際會展與消費者的心理預期之間的落差。會展的供給者主要提供的是展館環境、傳達的資訊及無形的服務,因此,會展供給質量的高低主要取決於會展參展者的主觀感受及所給予的評價。而會展參展者對會展產品的心理預期通常會與實際的會展供給產生一定的差距。這種差距小的話,就說明會展參展者認為會展產品供給的質量高,相反則認為質量低。因此,會展經營者在提供會展產品時,一定要充分考慮不同參展者的心理特徵和行為方式,瞭解他們的特殊需要,開展有針對性的個性化服務,提高服務水平,加快會展場館等相關設施的建設與更新,儘量緩解供需雙方在會展質量認知方面所產生的矛盾。

四、會展人力資源

會展活動的舉辦是集全局性、專業性、操作性和政策性於一身的系統工程,從籌辦到招展、展出,在項目流程、人力資源、空間設計和物流安排等方面,都需要通盤運籌,涉及資訊學、管理學、經濟學、旅遊學、建築學、運輸學、美學等多種學科。因此,會展活動的策劃、舉辦都必須要有高素質

的人力資源作為保障。透過培訓和培養，會展人力資源對會展供給的制約大大降低，會展市場近期、中期和遠期的增長需求可以得到更好的滿足。例如，美、德等會展發達國家的會展教育培訓主要就是由產業團體、公司企業、行業商協會和具有大學程度的州立學校合作，不同機構根據自身特色和研究實力，建立從職業培訓到學士、碩士教育的會展多層次教育體系；此外，還透過專業研討會、書刊、磁帶、VCD 等資訊途徑，為其他社會公眾提供繼續學習的機會。在實踐方面，美國的會展管理教育經常採取建立模擬客房、邀請業界人士為學生作報告、讓學生義務參加會展活動、要求學生為學校的體育賽事尋求贊助商等多種方式，提高學生在會展管理方面的實際操作能力。

五、會展科學技術

日益進步的科學技術在會展活動中的應用是會展現代化趨勢的重要體現。隨著各種技術開發與應用上的日新月異，今天的會展活動與過去相比更加豐富多彩，電話會議、網路會議技術、同聲傳譯技術、會展場館智慧化管理技術、三維視覺技術等已經得到廣泛應用。正是由於高新技術為會展活動提供了越來越強的觀賞性、體驗性，會展活動才吸引了更多觀眾和媒體的關注和參與。同時，會展活動的良好運行，需要強大的科技體系的支撐。科技環境關係到參展和組展的效果，是影響會展供給的重要因素。對於很多特殊行業的展示和管理，如瓷器展覽會、攝影器材博覽會等，沒有專業的知識和技術就更難保證其成功。

六、會展行業壁壘

首先，會展行業進入壁壘低。就資金壁壘來講，相對於傳統的製造業或高科技產業，儘管會展業展館建設的初期投入量較大，但後續資金較小，尤其是對於會展公司的投入資金需求量不大；就技術壁壘來講，會展業屬於勞動密集型企業，對技術的要求較低。因此，這一行業的供給容易膨脹。其次，會展行業退出壁壘高。由於會展業自身的特殊性，導致其轉換成本過大，供給方的會展產品供給缺乏彈性，有的甚至在短期內無彈性。

七、會展產業鏈評估

　　會展產業鏈的上游、中游、下游三個環節和對會展活動結果的評估構成了會展業的主要活動內容，展示了會展活動從啟動階段的策劃、宣傳到實施階段的計劃、組織、協調、招徠再到控制階段的評估與回饋的主要流程（圖2-1）。在會展產業鏈中心是會展產業鏈的核心環節，並與 DMC 形成了專業化的分工，作為 DMC 主要代表的場館，是會展活動展開的平臺，產業鏈內的會展企業和相關支持企業圍繞場館在一定區域內相互鄰近，方便了參加者（參展商和專業觀眾）和普通觀眾的出行，增加了企業的外溢效應，降低了資訊的搜尋成本和傳遞成本、市場的交易成本，加之會展活動結束之後的資訊回饋，將有助於主、承辦機構利用產業連接效用打造會展品牌，推動會展不斷壯大。

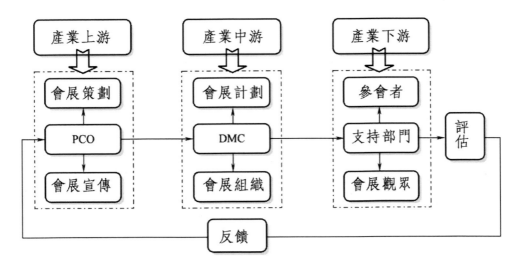

圖 2-1 會展產業的流程示意圖

　　會展的這些宏觀和微觀影響因素不是一成不變的，可以不斷變化和更新（圖 2-2）。

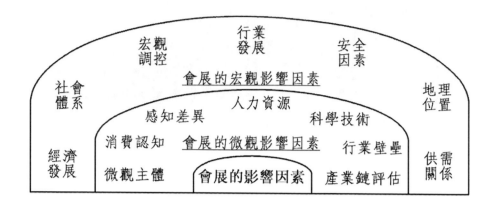

圖 2-2 會展的影響因素示意圖

相關連結

洲際量身打造五星會議品牌，皇冠假日將成「會聚之所」

洲際酒店集團最近推出了「皇冠假日——會聚之所」的口號，並開始其會議成功計劃的貫徹，該計劃作為全球產品創新系列中的一項，目的是推廣會議產品，為會議計劃者以及會議代表提供更加方便快捷、高效率的會議服務。在會議市場上，皇冠假日酒店走在了其他酒店品牌的前面。

與一般的商務酒店不同，皇冠假日的成功會議計劃有很多創新的地方，比如說會議總監這個概念。據瞭解，每家皇冠假日酒店都將設立皇冠假日會議總監這一職務。而這一職位的會議總監必須有豐富的經驗，是會議籌備者從會前諮詢一直到會後總結，在整個會議過程中的指定聯繫人。會議總監另一項工作就是與酒店市場開發部經理相互配合。無論在會議進展的任一階段，皇冠假日會議總監必須對會議籌備者提供全力的支持，隨時滿足客人的需求及親自處理各種突發事件，並保持每天與會議籌備者及主辦者交流，聽取客人的意見，以確保滿足且超越客人的需求。

此外，計劃還推出了「2 小時回饋服務」。這項服務確保了客人的會議諮詢及相關資訊能在 2 小時內收到答覆，包括對會議日期、舉辦地點及價格的確認，並可在 24 小時內收到一份詳細的會議建議書。會議地點和會議設

施也同樣重要，一些新建酒店還著重加強了會議功能，並在會議創新服務裡也包括對會議專用品的改進和提高，例如提供會議百寶箱，在會場點香薰爐等，以提高會議質量及創造力。在全球皇冠假日酒店實施這一對客承諾是為了向客人展示皇冠品牌的與眾不同之處。直到目前為止，還沒有任何一家商務酒店能夠針對會議這一市場提供如此全球性的高水準服務。以上三個要素僅是會議成功計劃推出的第一步，在今後的一年內還將有一系列創新推出。

第三章 會展的影響效應

▌第一節 會展的產業特徵

一、競爭性產業

　　會展業是一個競爭性產業。國內外會展企業共同遵循的遊戲規則，是靠市場、靠競爭去發展。展覽服務的優劣只有透過比較即透過競爭才能體現。可以想像，當一個地區只有一個獨家題材的會展，其展位價格就較難下降，原有的服務模式也難以隨機應變和及時改進、提高。而有了競爭者之後一切都會逐漸改變。因此，會展業必須透過市場競爭而不是一味透過地方保護和政府干預來提升競爭力。

　　會展業的競爭特點是：進入門檻較低，所需資本量和技術要求相對都不太高，而投資回報率較高。唯一投資成本高、直接抬高了會展業進入門檻的會展場館，因各地政府的重視和國有資本、民營資本以及境外資本的投入而大量產生。良好的基礎設施為會展業競爭態勢的強化提供了沃土。作為一個非關乎國計民生、國家限制較少的競爭性行業，會展業發展具有較強的自發性，民營資本和境外資本遠比國家控制較嚴的產業更容易進入會展業。

　　在市場競爭中，政府的角色是規則的制定者，是裁判員而非運動員，不應該為企業的生產經營活動越俎代庖。但是很多國家、地區的會展業在很大程度上是由政府介入促成其繁榮發展的，這種行政作用也不可忽視。會展業是一項涉及諸多公共設施、影響當地經濟文化和居民生活的系統性、綜合性的活動，因此需要政府出面協調、處理諸多公共產品、避免「反公地悲劇」的發生。

二、集中型產業

　　會展業屬於集中型產業，實際上是指對市場供求的集中。由於會展業對經濟狀況、企業在市場中的需求狀況依存度較大，所以，一個國家或地方特色產業和其市場感召力越強，其會展業發展的基礎就越好。地方特色經濟可

以借助會展平臺，促進技術進步和貿易交流，將強大的生產力有效地轉化為現實的市場感召力。歸根結底，會展業是對市場的集中。

從經濟學角度來看，會展業和地方特色經濟產業都可以歸入集中型產業，與簡單發展階段中的分散型產業相對應。分散型產業是一種重要的結構環境，其中有許多企業在進行競爭，但沒有任何企業占有顯著的市場份額，也沒有任何一個企業能對整個產業的結果產生重大的影響。在美國，市場集中度小於 40% 的產業就被列為分散型產業。

基於眾所周知的資本自我擴張的特性，分散型產業必然要向集中型產業發展。這一現象體現為服務要素集中，供求勢力集聚，市場主體意識明顯，競爭十分充分，產業連貫性、系統性和關聯性等表現得日趨充分，所謂「小產品、大產業、大市場、大流通」。而其最大的魅力還是在市場感召力上，即表現在其市場上的主導地位和控制能力上。每年各地的展覽會、博覽會會給我們帶來許多啟示和回味，它們所代表行業的供給和市場的需求在一個更高的層次上運行。

隨著產業的高度集中，規模效應也是顯著的，而規模經濟首先帶來的是成本的下降。這裡的成本一般指的是綜合性的成本，比如原材料、配件、勞動力服務乃至資訊行情。同時，在內外產業和環境的作用下，產業集中與移動障礙也相伴而生。從而，會展業集中並「嵌入」到本地環境，形成地方的特色經濟。

會展業的集中性要求有意識地在會展活動中發揮協同作用，比如多展聯辦。據悉，在美國展覽業內，協同辦展的勢頭正在紅紅火火地發展著，使得那些市場重疊的展會能夠優勢互補，增加買家人數，增強觀眾的品牌忠誠度和產品認知度，甚至被看做首辦展會遠離風險的有效策略。比如酒店與場館的業務協同表現為圍繞著會展的主體場館在一定範圍內聚集一批星級不同、規模不等的酒店，從而達到雙贏的好處。而旅遊與會展業務的優勢互補則體現為，在旅遊地舉辦世博會更容易取得成功。大凡成功舉辦世博會的城市，往往是旅遊名勝之地，具有兩大優勢：一是大批遊客轉化為參觀者，大批參觀者又兼顧旅遊，從而使人流激增；二是舉辦地具有吸引遊客的豐富經驗，善於將二者相結合。成功者如塞維亞世博會，實現了旅遊、會展有機融合。

相比之下，德國漢諾威是一個展覽業集中的工業重鎮，而非著名的旅遊城市，漢諾威世博會主辦者的精力集中在展覽業務上，忽視旅遊宣傳和旅遊組織，導致實際參展人數嚴重偏離預測數據（4000萬）一半以上，只有1800萬，虧損額高達數億。

三、強外部性產業

會展業外部性很強，能夠創造經濟轉移效應。所謂外部性是指私人邊際成本和社會邊際成本之間或私人邊際效益和社會邊際效益之間的非一致性，即某些個人或企業的經濟行為影響了其他個人或企業，但都沒有為之承擔應有的成本費用或沒有獲得應有的回報。

會展活動中「免費搭便車」行為的存在及會展活動可能造成的外部性，使相近地理區域經濟因此受益或受損。長期以來，會展活動的組織與運作由政府主導，因此存在「收益漏出」也屬正常。在政府主辦的大型會展活動中，越來越呈現出「會中會」、「展中展」的顯著特徵。同時，在會展活動後，各經濟利益體會透過各種渠道，借助客戶資源安排一系列的推介、實地考察等招商引資活動。

「會外展」是外部性「收益漏出」體現最明顯的會展現象之一。臨近的區域，也即「1小時經濟圈」或「2小時經濟圈」內的區域，在不付成本或支付與收益不對稱成本的情況下，利用會展的資源，從中獲得收益。比如，隨著第89屆廣交會開幕，廣交會場館周邊賓館、大酒店和體育館的會展經濟頓時活躍起來。同期舉辦的2001年春季東方輕工、工藝品展銷會和中國外商投資企業出口商品交易會，憑藉的就是廣交會期間如潮的人流。有的酒店雖然沒打出展銷會旗號，但酒店的一、二層，凡是能擺開展位的地方，都做起生意——將場地出租給那些無法取得廣交會的正式展位或覺得其展位租金高昂，但又迫切希望依託廣交會這個窗口亮相的參展商。來參加廣交會的外國客商，吃住在賓館，出入都經過這些展位，參展效果也很好，場外交易非常活躍。

但是，如果會展組織者或東道主城市避免「收益漏出」，就能在與其他區域開展競爭、爭奪經濟資源等方面占得先機。因此，在資訊不對稱的條件

下，東道主往往能以本地區的相對劣勢經濟資源替代其他地區的相對優勢經濟資源，產生經濟轉移效應，從而使其他區域經濟受損，而使本地區獲得額外的收益。比如，廣交會期間，廣州對酒店房價實行最高限價政策就包含有杜絕「收益漏出」的用意。由於酒店客房供不應求，導致價格上漲太高，廣交會期間廣州市酒店市場產生溢出效應，虛高的酒店房價將客商趕到了廣州市區周邊的番禺、從化、增城、順德和佛山等地。廣州政府為了保持地方競爭力，為了不至於成為周邊城市的旅遊經濟「飛地」，當然要控制房價。

會展還會給周邊環境帶來負外部性，比如給城市交通帶來巨大的壓力。會展場館的選址無疑是制約城市交通最為重要的環節之一。為了減少給城市交通帶來的負外部性，展館地址應遠離居民區和其他行政機構服務區域，避免給附近居民帶來困擾或者妨礙其他公共事務。比如，北京市朝陽區擁有CBD、使館區等重要商務區域，但是在一次外企測評當中，朝陽區的排名居北京市所有城區倒數第二，原因之一就是交通問題。特別是朝陽區國稅所距離中國國際展覽中心僅幾百米，眾多外企公司都要到稅務所去繳稅，每當國展舉辦大型展覽就會造成交通擁堵，嚴重影響這些企業的效率。另外，展館附近應配有齊全的配套基礎設施，為展會和旅客提供方便周全的服務，展館群體架構應呈現狹長、分散型，而非集中、聚集型，這些都是解決龐大的會展活動帶來周邊交通問題的有效舉措。

會展對觀光度假旅遊市場產生「擠出」效應也是會展負外部性的表現之一。在旅遊供給有限的背景下，由於會展市場對酒店床位、機票、車票的強勢占據，旅行社往往訂不上星級酒店，拿不到機票，有觀光度假客人也沒法接待。

四、多重契約性產業

會展行業可以稱之為一個高密度的多重契約行業。場館商和組展商之間，組展商和參展者之間，參展者跟搭建商之間都有契約，這是一個契約鏈。而其中如果不出現重複契約的話，這條契約鏈可能是穩定和連續的。但在目前，中國國內卻不是這樣。組展商和場館商經常進行大範圍的共同合作和利益捆綁，這種捆綁是一種角色不明確的捆綁，甚至有些時候場館商就是組展商。

更有甚者，在一些熱門的展會裡，場館商、組展、搭建商就是一家。像廣交會、分了家的北京車展、國際農交會等一大批知名展會都是如此。這時的產業鏈被高度濃縮了，當然，濃縮之後，就無須再去定位角色，交換資訊，進行戰略上的配合了。

場館商、組展商、搭建商的捆綁，因為溝通成本最低，效率應該最優。可事實恰恰相反，這種「只此一家，別無分號」的現象造成了市場的壟斷。也就是說，產業鏈濃縮的不是精華而是壟斷。在壟斷之後，我們看到的不是整個會展組織配合與技術水平的提高，更多的是低劣、粗糙甚至不負責任的服務。

第二節 會展的直接影響效應

一、促進商品流通

會展活動在一定的時間內將大量的供求廠商與消費者集中在一起，透過面對面的直接交流，不但可以使買主瞭解更多的產品，透過比較選擇自己需求的產品，也使參展商準確地瞭解了買方的需求，根據市場需求進行生產，從而創造有效的供給。會展作為一種經濟交換形式，在流通中發揮著重要的作用，極大地推動了商業的發展。據報導，美國 2/3 以上的製造、運輸等行業以及批發業的企業，1/3 以上的金融、保險等公司，都將展覽作為交流和流通的手段。

二、傳遞相關資訊

會展不僅能夠聚集大量的物流和人流，同時也是資訊流的集散地。透過產品陳列、展示、交流，人們在會展中，可獲得比從廣告或其他商品宣傳形式中更多的商品資訊。不僅如此，從會展上獲得的資訊往往是最新的、最準確的，這也是許多企業參展的主要原因。

三、調整產業結構

會展調整產業結構的功能主要體現在以下兩方面。一方面，對舉辦會展的行業來說，會展活動透過聚集大量的商品、資金、技術和資訊，為產業充

分有效地利用各種資源提供良好的外部條件，從而有利於產業結構的優化和升級。另一方面，對為其服務的相關產業結構來說，會展活動能強有力地帶動交通、通訊、餐飲、住宿、旅遊、購物、廣告、裝飾、印刷等相關行業的發展，促進會展舉辦地區第三產業，特別是服務業的快速發展。因此，會展可以加快區域產業結構調整，從而有利於促進區域經濟一體化乃至經濟全球化進程。

四、提高經濟效益

　　成功的會展可以使主辦城市在酒店、旅遊、餐飲、交通、裝飾、通訊、零售、廣告、印刷、物流貨運等行業都受益匪淺，大幅度增加其經濟收入、增加相關就業機會，有力促進當地產品的銷售和輸出。由於會展活動對舉辦地整個城市建設、經濟發展、科技進步等的全方位帶動作用都很顯著，是集商貿、交通、運輸、賓館、餐飲、購物、旅遊、通訊等為一體的經濟消費鏈，因此會展經濟常被稱為「城市麵包」。如被譽為「國際會議」之都的巴黎，每年承辦的國際會議多達 300 個，僅會議一項所創造的收入就達 7 億美元；法國會展每年營業額達 85 億法郎，展商的交易額高達 1500 億法郎；美國每年舉辦的 200 多個商業會展所帶來的經濟收入超過 38 億美元；香港的會展業每年為其帶來大約 330 億港元的出口訂單和相關的經濟收入。

五、促進產業綜合

　　會展經濟包括會展業、為會展提供服務的相關行業，以及參展商和參展觀眾等參與主體。會展業是會展經濟的中心和支撐點，與為其提供服務的相關行業是相互作用的關係。會展業可以帶動相關行業的快速發展，但同時也需要這些行業的支持。會展業與為其服務的相關行業的共同發展，以及參展商與參展觀眾的參展活動，就構成了蔚為壯觀的會展經濟（圖 3-1）。

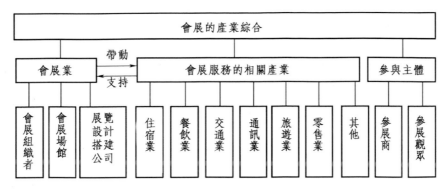

圖 3-1 會展的產業綜合特徵

六、產生乘數效應

　　國際上一般認為會展的乘數效應為 1：5 至 1：9，即如果會展業的收益為一個單位，則能帶動相關產業產生 5～9 個單位的收益。會展與其他產業的關聯性較強，它涉及服務、交通、旅遊、廣告、裝飾、邊檢、海關以及餐飲、通訊等諸多部門。會展經濟的發展不僅可以培育新興產業群，而且可以直接或間接帶動系列相關產業的發展。因此，會展活動對投資需求和消費需求產生了乘數效應。其中，投資需求是指舉辦會展活動產生的對場館及相關配套設施建設所需的建築材料、勞動力、資金、設備等的需求；消費需求是指參展者對會展業本身以及旅遊餐飲、通訊交通、商貿金融等相關行業產品和服務的需求。會展乘數效應主要體現在投資乘數、就業乘數、消費乘數等方面。據統計，每 1000 平方米展出面積可創造近百個就業機會。例如，香港一年的會展收入達 74 億港元，同時為社會提供 9000 多個就業機會。

七、創造市場供需

　　會展活動可以創造需求和供給，調節經濟中的供需平衡。需求的增加，特別是有效需求的增加，一般會促進經濟的增長，從而拉動整個國民經濟的快速發展。會展創造供給的機能主要是指提高了供給的能力，供給能力的提高說明會展企業提升了自身的實力和競爭力，這自然也有益於國民經濟的進一步發展。調節會展的供需平衡顯然十分有利於會展的良性協調發展。

八、加快設施建設

　　會展是一種大型的群眾活動，它要求有符合條件的展覽場所，有一定接待能力、高中低檔相配合的旅行社、賓館、酒店，便捷的交通、通訊和安全保障體系，優雅的旅遊景點等。為獲得大型會議、展覽的舉辦權，各地方政府都會積極、主動地進行綜合性、全方位的城市建設，如鋪設交通、通訊網絡，興建現代化的大型會展中心、賓館和酒店，加快環境保護工作加強整個區域的基礎設施建設。

相關連結

論壇帶動博鰲 旅遊日收入 10 萬元

　　近年來，博鰲已經成功舉辦了數百個大型國際會議。本身人口僅有 2 萬的博鰲，每年要接待遊客 200 萬人次。中國春節、五一黃金週期間，平均每天就有近兩萬人來到博鰲觀光，玉帶灘人頭攢動，五星級酒店常常爆滿。會議旅遊是個新興市場，據統計，全世界每年從中獲益約 2800 億美元。會議旅遊者層次較高，消費能力強，有很大的相關帶動效應。如果一位參加會議的專家或企業老闆對博鰲感覺不錯，那麼下次他很可能帶著家人來度假消閒，甚至投資，這種潛在利益更是無法估量的。

　　博鰲正是如此，旅遊業的發展帶來了房地產的熱潮，房地產商紛至沓來，酒店服務、休閒娛樂業迅速發展。人氣旺盛又帶來投資開發熱，中遠、錦江、紅石、海南航空、大慶油田、廣州鐵路、常德捲煙廠等眾多知名企業都已在此有大筆投資，僅上海就有 8 家上市公司來此找到商機，曾棄之而去的數十家開發商也紛紛回頭，要求續資再開發。僅 2004 年海南貿易與投資合作洽談會上就簽訂協議投資總額 346 億元。

　　以論壇帶動旅遊，用旅遊帶動發展。博鰲，論壇成就的旅遊度假勝地。

　　（資料來源：周到．博鰲：論壇成就度假勝地．旅遊時代）

第三節 會展的間接影響效應

一、提高居民素質

　　大型的地區性、國際性會展，可以吸引不同文化、不同觀念的人們，有利於會展舉辦地居民與之進行交流，擴大居民的視野。同時，在與外來參觀者接觸過程中，居民也會學到一些先進的觀念，改變自己一貫的做法。這些對於豐富文化生活、提高居民素質和修養具有重要的意義。

二、發揮城市功能

　　一個城市要發展會展業，必須具備一流會議、展覽設施，發達的交通、通訊設施以及特色的風景旅遊等良好的基礎條件。因此，為爭取獲得大型會展的舉辦權，各地需積極進行綜合性、全方位的城市建設，從而使城市功能得以充分發揮。以德國重要的經濟文化中心下薩克森州首府漢諾威市為例，全世界最大的工業博覽會在該市舉行，那裡的 100 多萬平方米的展覽中心面積居世界博覽業之首，其中各自獨立的 26 個展廳和一個寬闊的露天場地在國際展覽業中達到最高水平。在那裡，每年舉辦的大約 60 個博覽會和展覽會吸引著世界各地 100 多個國家的近 3 萬個參展商、230 萬觀眾和 16 萬新聞界人士，使得這個只有 50 萬人口的小城市「漢諾威」蜚聲全球，獲得了「展覽王國」的稱號。可見，其展覽會設施和其他相應的基礎設施的建設，都大大地加速了城市建設的發展和城市功能的發揮。

三、提升城市美譽

　　國際性會展活動的舉辦可以使會展舉辦地聲名鵲起，知名度大幅提高，成為區域加速發展的巨大的無形資產。良好的旅遊環境會給參展商和參觀者留下好的印象，這些人的口碑可以為會展舉辦城市造成廣告宣傳作用，迅速提高會展舉辦城市的國際知名度。例如，法國首都巴黎，由於平均每年承辦 400 多個國際大型會議，因此享有「國際會議之都」的美譽。

四、推動國際進程

會展活動的舉辦，有助於加深政府、國內外團體和商界彼此之間的瞭解和交流，推動國際間人員的互訪和文化的交流，加強各國政府和組織的協作，有利於突破經濟一體化的各種制度因素和非制度因素，為完整的市場體系的形成提供條件，推動會展舉辦城市的經濟發展與國際接軌和全球經濟的一體化進程。透過發展會展業，會展舉辦城市還可以吸引大量具有創新思維和戰略眼光的知名專家、學者、企業家，這不僅會帶來資訊化革新，而且也便於這些外界人士更好地瞭解城市各方面的發展狀況，有利於吸引投資，從而推動城市經濟發展與國際接軌。

五、挖掘城市優勢

會展的舉辦地除了應具備良好的硬體基礎設施、便利的交通環境和政府在政策法規等方面給予的支持外，還應該具備良好的經濟環境、社會環境和文化環境，擁有較高的開放度，相對發達的第三產業，較為豐富的旅遊資源等。城市具有發展會展經濟的優勢。會展總是在那些經濟發達的城市優先發展起來，如德國的漢諾威、法國的巴黎、英國的倫敦、中國的上海和香港等城市。

六、促進外貿發展

從對外貿易方式看，會展本身就是一種重要的國際貿易方式，為買賣雙方瞭解市場，建立和發展貿易、技術、經濟合作關係，促進文化交流、增進友誼提供了條件。它有利於國內企業出口自己的優勢產品、技術，或購買先進的生產技術、設備等，從而直接增加外貿進出口額，推動對外貿易的快速發展。如法國博覽會和其他專業展覽會每年展商的交易額高達 1500 億法郎。

七、引導技術創新

會展活動能夠在一定的時期內將眾多高新技術領域的專業人士集中在一起，使其動用所有的感官，接觸、比較、瞭解新技術、新發明，並透過相互交流獲得有關技術的性能、功效等各方面的資訊。可見，會展活動不僅對先

進技術成果造成了展示、傳播和推廣的作用，而且對引導新技術的研發、跟蹤技術發展動向，鼓勵企業不斷進行技術創新具有重要的意義。

八、提高競爭能力

一方面，會展擴大了企業的市場範圍。會展活動，特別是大型的跨國界的會展活動，有利於打破國家間、區域間、民族間的封鎖和壟斷，促進資金、技術、商品的跨區域流動，從而有利於競爭力強的企業抓住新的市場機會，採用先進的生產技術，改革管理方式，充分利用資源，進一步提高在市場上的競爭能力。另一方面，會展的舉辦也使企業置身於更開放的市場環境中，增強了企業的危機感。競爭對手的存在迫使企業不斷降低成本，改進產品和服務，提高競爭力。

九、加速區域物流

會展活動期間，在會展舉辦區域內彙集了大量的參展商品，由此導致會展區域出現頻繁的物流活動。會展前後參展商品的運輸、包裝、儲存、裝卸、搬運，會展活動期間參展商和參展觀眾所需食品的分發，以及其他與會展相配套的設施的運作，都會增加會展區域對物流服務的需求。更重要的是，相對於一般的貨物運輸而言，展品對物流服務有著更高的要求，即物流活動組織者必須不斷採用先進技術、設備、管理方法，來提高物流服務的水平。因此，會展產業的發展將加速會展區域的物流活動。

十、擴散產業關聯

會展透過關聯效應的擴散，帶動建築、旅遊、餐飲、金融保險等其他產業發展，使產業結構沿著第一、二、三產業優勢地位順向遞進的方向演進，沿著勞動密集型產業、資本密集型產業、技術（知識）密集型產業分別占優勢地位的方向演進，由此呈現出日趨合理化、高度化的格局，最終推動區域經濟增長（圖 3-2）。

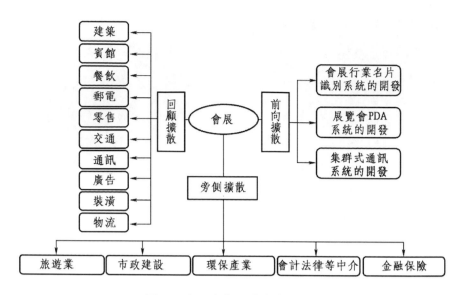

圖 3-2 會展產業關聯效應的擴散

▌第四節 會展經濟效益的主要評價指標

會展經濟效益是指在某一區域內，社會對會展的總投入與社會因會展活動所得到的總收益的比較。會展產業綜合經濟效益包括可以用價值形式表示的會展直接經濟效益和間接效益。

對會展經濟效益進行評價，宏觀上，能夠優化資源配置，實現效益最優化，協調產業均衡和地區均衡，有利於國民經濟整體水平的提高；中觀上，可以優化會展產業結構，使會展產業處於長期的、動態的結構均衡狀態；微觀上，可以促使會展企業降低生產經營成本，提高勞動生產率，提高企業管理水平，使企業獲得最大化的利潤。

一、會展經濟效益評價指標體系設計原則

會展經濟效益評價指標體系的建立應該遵循如下主要原則（表 3-1）。

表 3-1 會展經濟評價指標體系建立的主要原則

主要原則	相關內容
全面性原則	評價指標的建立既要能反映個體會展企業的管理水平和經營能力，又要能反映整個會展行業的盈利水平、發展能力和可持續發展潛力，以及對整個社會進步的貢獻水平。
系統性原則	對會展經濟效益功能的評價是一個複雜的系統工程，其指標體系是由若干指標（要素與子系統）有機結合而成的，在構建指標體系時，應重視各指標之間的聯繫，真正使評價做到全面、系統。
科學性原則	指標的設置既要考慮指標自身的科學合理性，又要結合會展業的行業特點，遵循客觀規律；既要有動態指標，又要有靜態指標；既要有定性指標，又要有定量指標。
導向性原則	指標體系的建立，有助於會展企業按市場需求組織生產和經營，加強管理和降低成本費用，把工作重點引導到提高經濟效益上來，並對會展企業的非正常化行為起到約束和規範的作用。

二、會展經濟效益評價指標的評價方向及組成

(一) 經濟總量

總量指標是反映會展產業總產業、總就業和總固定資產存量規模的總體指標。該指標的重要作用主要表現在兩個方面。首先，該指標反映了會展產業在人、財、物方面的最基本的發展概況，其次，該指標是構成大多數其他評價指標的基礎。在指標體系中，除作為核心總量指標的增加值外，還包括總產值、總成本、從業人員數、會展產業總收入等指標。

(1) 會展產業總產值：指一定時期內會展產業單位全部生產活動的總成果或總規模的貨幣表現。它既包括轉移價值，也包括新增價值。在計算會展產業總產值時，事業單位和企業單位應分別採用不同方法計算，然後加總。

(2) 會展產業增加值：指某一區域在一定時期內（通常為 1 年）會展產業單位向社會提供產品或服務而增加的價值總和，反映了會展產業部門為社會提供的全部最終成果。該指標在統計時可能因會展產業統計範圍不同而造成不同時期（或不同地域間）的口徑不一致，所以在具體運用時應加以說明和調整。

（3）會展產業總成本：指在一定時期內，會展產業單位為生產會展產品和開展會展活動而產生的各種消耗和支出的總和。

（4）會展從業人員數：指在會展產業單位工作或非會展產業單位中直接從事會展活動並取得勞動報酬的全部人員數。

（5）會展產業總收入：即會展企業和事業單位本年收入合計。該指標包括財政補助收入、上級補助收入、事業收入、經營收入、附屬單位上繳收入和其他收入六部分。其中，事業收入指事業單位開展專業業務活動及其輔助活動之外的非獨立核算經營活動取得的收入。

（二）直接經濟效益

直接經濟效益指標是反映會展產業生存、發展狀態的關鍵指標。反映產業經濟效益的指標有很多個，根據會展產業的特點，衡量其直接經濟效益主要從中選取 3 個指標。這 3 個指標都是定量指標，且都以單位時間內的數值計算（通常為 1 年）。

（1）資產報酬率＝淨利潤 / 平均資產總額。其中，平均資產總額為期初期末資產之和的算術平均值。這個指標反映了會展產業單位的獲利能力。

（2）勞動生產率＝會展總收入 / 會展從業人員數。反映會展產業單位人力資源管理水平。

（3）資產有效利用率＝實際使用資產 / 資產總額。反映會展產業單位自然資源營運能力。

（三）發展能力

發展能力是指會展產業所擁有的獲得持續經濟效益的能力。對會展產業經濟效益的綜合評價，不能只看會展產業或會展企業當前的經濟效益指標，還要看到會展產業的發展前景。只有對會展產業的現狀與未來進行綜合評判，才能得出客觀、全面的評價結果。反映會展產業發展能力的指標主要有以下 4 種。

（1）年增長率＝（年末總資產額 - 年初總資產額）/ 年初總資產額。從一個產業的年增長率可以直接看出該產業的發展水平及趨勢。

（2）技術創新投入率＝技術創新投入總額／淨利潤。其中，技術創新總額＝新產品開發費＋設備更新改造費＋從業人員培訓教育費。現代市場經濟中的競爭，是科技與人才的競爭，因此技術創新投入也是表現會展產業和會展企業發展水平的一個方面。

（3）從業人員構成率＝會展產業從業人員／第三產業從業人員。

（4）增加值構成率＝會展產業增加值／第三產業增加值。

由於會展產業的主體行業包含在第三產業內，因此，評價會展產業人員與增加值在第三產業中的構成情況也是瞭解會展產業發展水平的重要方面。

（四）對國民經濟的貢獻

該指標反映會展產業對國民經濟的直接貢獻水平。就一般意義而言，部分會展產業已成為最具經濟活力的產業部門。為客觀、真實地反映會展產業在國民經濟體系中的地位，通常選擇以下 5 個指標。

（1）國民經濟貢獻率＝會展產業增加值的增長量／國內生產總值同期增長量。該指標直接反映了會展產業增長規模對整個國民經濟的影響程度，是評價其對國民經濟貢獻的核心指標。

（2）國民經濟支持率＝會展產業增長速度／國內生產總值同期增長速度。其中會展產業增長速度以增加值計算。該指標反映了會展產業增長速度對國內生產總值增長速度的相對支持程度。

（3）第三產業就業貢獻率＝會展產業從業人員增長量／第三產業從業人員增長量。該指標直接反映了會展產業在就業方面對第三產業發展做出的貢獻。

（4）社會貢獻率＝會展產業社會貢獻總額／平均資產總額。該指標可以衡量會展產業單位運用全部資產為國家或社會創造或支付價值的能力。會展產業社會貢獻總額即會展產業單位為國家或社會創造或支付的價值總額，包括工資（含獎金、津貼等工資性收入）、勞保退休統籌及其他社會福利支出、利息支出淨額、應繳增值稅、應繳產品銷售稅金及附加、應繳所得稅、其他稅收、淨利潤等。

（5）社會積累率＝上繳國家財政總額／企業社會貢獻總額。該指標可以衡量會展產業單位社會貢獻總額中多少用於上繳國家財政。上繳國家財政總額包括應繳增值稅、應繳產品銷售稅金及附加、應繳所得稅、其他稅收等。

（五）乘數效應

乘數（Multiplier）指某一經濟量與由其引起的其他經濟量變化的最終量之間的關係。會展乘數效應指會展產業的一筆投資或收入不僅能增加會展行業的收入，而且在國民經濟中造成連鎖反應，最終會帶來數倍於這筆投資的國民收入增加量。乘數包括收入乘數和就業乘數。收入乘數＝由會展引起其他產業的收入增加量／會展產業收入增加量；就業乘數＝由會展直接或間接引起就業人數增加量／會展產業收入增加量。

相關連結

會議全過程品牌化管理的價值

會議經濟的價值。某外國經濟學家將會議的價值形象比喻為「如果在一個城市開一個國際會議，就好比開了一架飛機在這個城市上空撒鈔票」。會議的價值主要體現在兩個層面：微觀價值與宏觀價值。其中微觀價值亦被稱為直接價值，即會議組織者所獲利益和消費者的收穫：前者包括因會議舉辦所獲得的收入、會議品牌形象的拓展以及組織者社會形象的提升等；後者則包括會議給消費者所帶來的企業形象展示、理念衝擊、人際交流以及旅遊娛樂等價值。美國三大財經雜誌《財富》、《商業周刊》、《富比士》正是觀察到會議所能帶來的巨大品牌效益與經濟效益，多年來堅持在世界各地舉辦雜誌年會，並產生出巨大的滾雪球效應。以《財富》2005 全球論壇為例，不計占收入主要份額的贊助費，僅與會者參會費用一項收入就高達 350 萬美元。被稱為「經濟聯合國」的「達沃斯論壇」，每年為期一週的會議時間為會議帶來超過上億美元的豐厚收入。

宏觀價值則主要指會議所引致的外部效應，如對旅遊、餐飲、住宿、交通、娛樂、通訊、廣告及印刷等行業的關聯效應。有資料顯示，會議經濟的產業帶動係數為 1：9。ICCA 統計表明，每年全世界國際會議的會議費用僅

10% 花在會場的組織、管理與接待上，90% 花費在旅遊活動、購物、交通、餐飲、娛樂和飯店等方面。會議經濟所創造的綜合經濟效益不僅促進了會議品牌本身的持續發展，同時也成為推進地區經濟發展的新亮點。

（資料來源：王志良．全過程品牌化管理：中國會議品牌建設的策略選擇全過程）

第四章 會議概述

█第一節 會議的內涵

一、會議的定義

　　會議是指在一定的時間和空間範圍內，為了達到一定目的所進行的有組織、有主題的資訊交流、聚會、商討活動。一次會議的利益主體主要有主辦者、承辦者和與會者（許多時候還有演講人），其主要內容是與會者之間進行思想或資訊的交流。

二、會議的特點

　　會議作為會展業的重要組成部分，同樣在創造經濟效益、促進城市建設、提升城市形象等方面具有特殊的作用。尤其是國際會議，所涉及的範圍相當廣泛，包括場地、視聽設備、展覽、航空、陸地交通、旅遊、飯店、餐飲、網路、印刷、媒體、翻譯、禮品、事務機器、其他與會公司。針對彼此的相關性作具體說明如下。

　　（1）場地。場地租金給當地會議中心與展覽中心帶來相當大的收益。

　　（2）視聽設備。單槍、三槍、多媒體、同步翻譯設備與音效的優劣，都會影響會議的質量，會議也帶給視聽設備業很大的收益。

　　（3）展覽。展覽也給會議帶來相當大的收益，尤其是對其周邊產業產生很大的效益。

　　（4）陸地交通。會議期間需要地面交通工具，如遊覽車、民營機場巴士與出租車，往返會場與機場、火車站、飯店，會場與晚宴地、各地旅遊點之間。大型會議需求量大，收益也更可觀。

　　（5）旅遊。旅遊內容的設計是國外與會者考慮是否參加的因素之一，如果旅遊內容經過精緻設計包裝，就有可能吸引與會者甚至其眷屬參加。國際會議對國內旅遊會產生積極的影響。

(6) 飯店。國際會議可提供不同等級的飯店供與會者選擇。對飯店來說，住宿費用是主要收益，同時，與會者在飯店的消費，如餐飲、通訊、洗衣等服務，也產生房價以外的收益。

(7) 餐飲。國際會議期間所有與會代表的餐飲可以帶來相當大的收益，餐飲內容可包括歡迎酒會、告別晚宴、早午餐以及咖啡點心等。

(8) 網路。重要的國際會議都會請專業人員製作網頁，以便於與會者獲取各種資訊，因此國際會議也帶動了網路事業的發展。

(9) 印刷。國際會議期間的大會手冊、論文集與會議通訊（Congress Daily）等目前仍具有可觀的數量。不過，國際網路的發展日新月異，網路將會逐步取代印刷品。

(10) 媒體。國際會議的會前、會中與會後常舉辦記者會，一般透過媒體的方式來做宣傳。因此，國際會議給媒體業者帶來很大的收益。

(11) 翻譯。翻譯人才在國際會議中扮演相當重要的角色，無論是書面翻譯、口語翻譯甚至同步翻譯，都要依靠他們來完成。會議帶給各種翻譯人員很大的收益。

(12) 禮品。禮品的製作可依大會預算的多寡而定，國際會議的禮品也經常是一筆相當可觀的費用。

(13) 事務機器。電腦仍無法完全替代事務機器的功能，國際會議期間需要影印機、傳真機、對講機與刷卡機等相關設備。國際會議給事務機器產業帶來收益。

(14) 花藝。國際會議舉辦期間，會場的舞臺、晚宴場地等都需要花藝的布置，花藝費用的多寡依預算而決定，而通常花藝在會議中是必需的。

(15) 購物。參加國際會議的與會者與其眷屬，或多或少都會購買當地禮物贈送親友，也有與會者購置價格昂貴的物品，這些都會帶給當地產業一定的經濟效益。

(16) 郵電。國際會議期間大量的長途電話、電子郵件、上網與傳真等也都會有不小的收益。

相關連結

德國會議業市場管窺

德國是世界會展強國，有 800 多年舉辦展會的歷史。德國地處歐洲中心地帶，其優越的交通條件是作為會議舉辦地的一個非常明顯的優勢。德國的機場（尤其是法蘭克福機場）保證了與世界所有大洲的交通便利。同時，德國具有良好的會議基礎設施建設和舒適的旅行條件。另外，豐富而獨特的文化資源使德國的會議業在國際市場越來越有吸引力。

作為組織者，德國會議局（GCB）管理在德國境內或者國外舉辦會議的有關事務，同時也是在德國計劃舉辦會議和各類活動組織者的聯繫者。200 個會員中包括在德國領先的酒店會議中心、活動代理和活動提供商，以及汽車租賃企業。德國會議局在會議的組織者與德國會議市場供應商之間起著聯繫的作用，為會議事務的組織與計劃工作提供市場聯繫、建議與相關支持。網站主頁提供了各類會議地點、新聞在線搜索服務，同時還提供德國指南以及其他更多資訊。

銷售額的持續增長不僅帶來了會議業市場的繁榮，而且對於舉辦地的其他相關產業產生了很強的拉動效益。2002 年德國會議業實現銷售產值 493 億歐元，比 2001 年增加 9.5%，比 1999 年增加了 14%。會議的舉辦給社會提供了 97 萬個全職崗位，占德國旅遊業就業率的 1/3。與會者的住宿消費上升到 6760 萬歐元，1999 年為 6500 萬歐元，增長率高達 35.5%，會議舉辦對於星級酒店意義更為重大。

全德國有 1.1 萬個會議舉辦場所，其中有 1 萬個為酒店賓館，420 個為會議中心與會展中心，330 個分布在大學，還有大約 6 萬多個各類活動場所可供選擇，會議場所數量與 1999 年相比增長了 10%。此外，大約有 140 萬平方米會展中心也可用於做會議舉辦場地，而且還有 75 個企業會議舉辦場地和 1500 個特殊活動舉辦地。

（資料來源：德國會議業市場管窺）

第二節 會議的分類

會議是人類社會中一種聚眾議事的過程。凡是在一定的時間和空間內，為了達到一定的目的所進行的有組織、有領導、有共同議題的議事活動均稱為會議。按照不同的標準，會議有不同的分類方法。

一、會議的組織分類

按會議的組織形式，可劃分為大會或年會、專門會議、代表會議、論壇、專題學術討論會、討論會、研討會等。

（一）大會或年會（Convention）

大會或年會（Convention）是會議領域最常用的字眼，指的是就某一特定的議題展開討論的聚會，議題可以涉及政治、貿易、科學或技術等領域。

年會是指同一公司、社團、財團、政黨等立法、社會、經濟團體所舉辦的資訊及政策商討會議，其目的在於使與會者建立共識並形成決策。年會議題可以涉及政治、貿易、科學或技術等領域。年會通常包括一次代表全體會議（General Session）和附帶的幾個小型分會議，有時還附帶展覽。多數年會是週期性的，最常見的週期是 1 年。年會常有的內容是市場分析報告、介紹新產品和籌劃公司發展策略等。在美國，Convention 通常是指工商界的大型全國甚至國際集會，包括研討會、商業展覽或兩者兼具。年會的規模大小不等，有些年會規模很大，如美國化學協會要吸引 2000 ～ 3000 人出席年會，但有的協會年會出席人員不到 100 人。在美國年會平均出席人數約為 850 人。

大會是由國際協會組織所舉辦的規模較大的會議，如 APEC 會議、財富論壇等。各國爭相舉辦這種國際級別的會議，其承辦方式主要有兩種，即會員國輪流主辦和競標主辦的方式。其中，會員國輪流主辦可以按入會先後次序或國名英文字母順序等排列方式輪辦，也可以由會員國主動提出優惠條件，經其他會員國或這個組織的理事會同意即可。這類大會的籌備時間一般需要 2 ～ 3 年。

相關連結

達沃斯的看點

　　世界經濟論壇年會即將開幕，瑞士小城達沃斯漸漸熱鬧起來。大街上隨處可見拎著行李前來註冊的代表和記者，不時也閃過一些軍警的身影，給這座銀裝素裹的美麗山城增添了些許緊張氣氛。在接下來的幾天裡，達沃斯將上演一場盛會。追蹤這個有 200 多場研討會的論壇，達沃斯的看點在哪裡？

　　既然名為世界經濟論壇，話題當然離不開未來 12 個月世界經濟的發展趨勢。雖然國際貨幣基金組織等主要國際經濟機構都預測 2005 年全球經濟仍會保持較快的增長速度，但世界經濟的發展仍存在著諸如美元持續貶值、油價居高不下等不確定因素。因而參加此次年會的 500 多位大公司總裁的觀點和看法，將成為預測今年經濟好壞的重要「風向標」。

　　本次年會，中國經濟的前景及其對世界經濟的影響，是一個備受矚目的話題。年會第一場討論會的主題便是中國。世界經濟論壇創始人施瓦布教授日前曾預言說，中國聯想集團收購美國 IBM 公司個人電腦部門的行動，「標誌著新的地緣政治和地緣經濟格局的開始」。

　　此外，世界貿易組織正在進行的「多哈發展回合」談判的進展情況，也是許多與會人士關注的焦點。來自印度、巴西等發展中成員的貿易官員，也將藉此機會勸說歐美等發達成員做出更大的努力，以打破目前的談判僵局。

　　當然，達沃斯早已不僅僅是經濟論壇。世界輿論的焦點，也將更多地放在前來參加論壇的政治領導人身上。此次年會吸引了 20 多個國家的元首和政府首腦參加，其中包括法國總統希拉克、英國首相布萊爾和德國總理施羅德等「重量級人物」。不過最受媒體關注的，可能還是剛剛宣誓就職的烏克蘭總統尤先科。

　　對論壇的組織者而言，當然不希望年會僅僅成為政治人物的表演舞臺，他們更願意看到的是具體事件的實質性進展。據悉，剛剛在巴勒斯坦大選中獲勝的阿巴斯也將出席論壇，組織者正力促他與以色列政府的高級官員進行

直接會晤，以續寫 1994 年阿拉法特與時任以色列外長的佩雷斯在達沃斯成功達成有關加沙和杰里科問題協議草案的歷史。

（二）專門會議（Conference）

專門會議（Conference）是指某些專業、文化、宗教等群體召開的、派正式代表參加的定期會議。年會（Convention）這一字眼常被貿易界用於一般性的會議，而專門會議常常是科技界使用的術語，貿易界也使用這個詞。因此，兩者沒有實際意義上的區別，僅僅是慣用語不同而已。專門會議通常就某一特定主題來討論，報告者及討論者均為其領域的成員或相關的協作團體人士。就與會者數量而言，專門會議的規模可大可小。

（三）代表會議（Congress）

代表會議（Congress）一詞最常被歐洲人和國際性會議使用。這個詞在美國被用來指稱立法機構。在性質上，代表會議是和專門會議相類似的活動。代表會議的議題通常涉及具體問題，並就此展開討論，可以召開分組會，也可以只召開大會。全國性的代表會議通常每年舉辦 1 次，國際性的專門會議通常 2 年或更長時間才舉辦 1 次。代表會議的與會者數量參差不齊。

（四）論壇（Forum）

論壇（Forum）指為了有共同興趣的某一或某些主題而舉辦的進行公開討論的研討會。論壇的特點是對問題進行反覆深入的討論，一般由一位會議主席、小組組長或者演講者（Moderator）主持，並有不少聽眾參與其中。小組組長和聽眾可以提出各種各樣的問題，發表各種不同的意見與想法，再進行反覆的討論，最後由會議主席得出結論。論壇參與者的身分均要先被認可。

（五）專題學術討論會（Symposium）

專題學術討論會（Symposium）通常是某一領域的專家集會，就特定主題請專家發表觀點，共同對問題進行討論並提出建議。專題學術討論會與論壇相類似，唯一的不同是其進行方式比論壇更為正式，一些個人或者專門小組要做示範講解，一定數量的聽眾會參與討論。但是相對論壇而言，會議

中較少有觀點和意見的交流。專題學術討論會一般參與人數較多，會期在 2 ～ 3 天。

（六）討論會（Workshop）

討論會（Workshop）是由幾個人進行密集討論的集會，其目的是就某一專門問題或任務進行討論。討論會的特點是進行面對面的活動，使所有與會者充分參與進來。討論會通常被用來進行技能培訓和訓練。一般來說，討論會要求各小組參加集體會議，就專項問題或任務進行討論。參加者互教互練，旨在交流知識、技能以及對問題的見解。在代表大會或專門會議中，由與會者自選主題或由主辦單位建議，針對其一特定問題所進行的非正式與公開自由的討論也稱為討論會。

（七）專題討論組（Panel Discussion）

專題討論組（Panel Discussion）由一位主持人來主持，另由一小群專家為座談小組成員（Panelist），針對專門課題提出其觀點，再進行討論和座談。小組成員之間、主要發言人與組員之間都要進行討論。有時僅限於小組成員自行討論，有時也開放和小組以外的與會者相互討論。

（八）研討會（Seminar）

研討會（Seminar）是指一群具有不同技術但有共同特定興趣的專家，為達到訓練或學習的目的而聚集在一起所召開的會議。研討會應儘量避免那種由一個或多個主講人站在臺上向聽眾演講示範的模式。與其他類型的會議相比，研討會通常有充分的參與性，由一位主持人（Discussion Leader）協調各方。這種模式一般只適用於相對小型的團體會議。當與會者增加時，就變成了論壇或者專題學術討論會。

（九）講座（Lecture）

相對於專題學術討論會而言，講座（Lecture）是一種比較正式或者說組織較為嚴密的活動，通常由一位專家單獨做講演或示範，會後有時會安排聽眾提問，講座規模的大小不定。

（十）討論分析課（Clinic）

討論分析課（Clinic）常用於培訓項目，就某一課題或主題進行指導和操練，形式基本以小組為主。

（十一）靜修會（Retreat）

靜修會（Retreat）通常是小型會議，一般在邊遠地區召開，其目的是為增進瞭解和友誼，或是集中進行策劃工作，或某種意義上的避免打擾和「躲清靜」。

（十二）集會（Assembly）

集會（Assembly）是指協會、俱樂部、公司或其他組織所召開的正式全體集會。參加者以其成員為主，目的是為了討論和決定組織政策、組織內部的選舉、預算、財務計劃等。所以集會通常是在固定的時間及地點定期舉行，也有一定的會議程序。

（十三）會議（Meeting）

上述被解釋的詞彙代表了大同小異的會議種類，當一個活動找不到更恰當的詞來冠以名稱時，人們就會簡稱之為「會議」（Meeting），它的含義最為廣泛，是各種會議的總稱。凡一群人在特定時間、地點聚集、研討或進行某項特定活動均可稱之為會議。

二、會議的內容分類

按會議內容劃分，主要有商務型會議、度假型會議、展銷會議、文化交流會議、專業學術會議、政治性會議等。

（一）商務型會議

商務型會議是指公司和企業因業務和管理工作需要而參加的商務會議，一般在酒店召開，出席這類會議的一般是企業的管理人員和專業技術人員，與會者素質較高。

（二）度假型會議

度假型會議是指企業以及事業單位利用週末或假期組織員工召開的帶有度假休閒性質的會議。這種會議既能增強員工之間的瞭解和企業自身的凝聚

力，又能解決企業所面臨的問題。度假型會議一般選擇位於風景名勝地區的酒店舉辦。

（三）展銷會議

展銷會議主要是由參加商品展銷會、交易會和展覽會的各類與會者召開的會議。會議同時還常常舉辦招待會、報告會、談判會和簽字儀式等活動。

（四）文化交流會議

文化交流會議是指各種民間組織和政府組織舉辦的跨區域性的文化學習交流活動。這類會議通常以考察、交流等形式出現。

（五）專業學術會議

專業學術會議通常是指某一領域具有一定專業技術的專家學者參加的會議，如專題研究會、學術報告會、專家評審會等。

（六）政治性會議

政治性會議是指國際政治組織、國家和地方政府為某一政治議題而召開的各種會議。

三、會議主體分類

按照會議舉辦主體劃分，有協會類會議、公司類會議。

（一）協會類會議

協會類會議是由具有共同興趣和利益的專業人員或機構組成，用來交流、協商、研討或解決本行業的最新發展方向、市場策略以及存在的問題，如貿易、醫藥、食品等各種行業和科學技術協會、聯誼組織等協會會議。協會會議由協會組織舉辦，準備期多在1年以上，會議期間，可能會組織討論。例如，國際大會和會議協會（ICCA）、國際展覽管理者協會（IAEM）、國際飯店協會（IHA）等一些國際協會，中國的中國記者協會、中國作家協會、中國外商投資企業協會、上海市個體勞動者協會等。這些協會每年都要舉行許多會議。例如，一年一次的協會年會、由地區性協會組織的地區性會議、

專題研討會、理事會和委員會會議等。協會會議具有週期穩定、規模大等特點。

（二）公司類會議

公司類會議也稱企業會議，是本行業同類型以及與行業相關的公司一起舉辦的會議以及公司的銷售、培訓、股東等會議。公司會議由公司舉辦，準備時間一般短於 1 年，規模也比協會會議小。公司類會議通常以管理、協調和技術等為探討內容，包括銷售會議、技術會議、經銷商會議、管理者會議、培訓會議、股東會議等。協會類會議與公司類會議的比較，見表 4-1。

表 4-1 協會組織會議與公司會議的特徵比較

比較項目	協會類會議特徵	公司類會議特徵
背景資料	容易搜集	不易搜集
選擇會址	需要選擇有吸引力的地方，刺激會員參加	尋找方便、安全、服務較好的地方
決定時間	較長（1～4年）	較短（1～6個月）
開會模式	週期性（春、秋季）	按需求（任何月份）
決策者	分散，通常是委員會，有時會考慮是否有當地會員、分會的邀請	公司總部決定

比較項目	協議類會議特徵	公司類會議特徵
與會者	會員自行決定是否參加	會員必須出席
與會者的費用	會員自付	公司付全部費用
會議舉辦地點	多選擇、全球性地方輪換	只在適合公司業務需要的城市舉辦
會議規模	絕大多數超過100人	多數在100人以下
開會次數	固定次數	沒有固定次數，較頻繁
會議期限	3～5天	1～2天（會議）；3～5天（培訓或獎勵旅遊）
住宿	不同類型、價格酒店（與會者按價格自選）	通常用3～4星級酒店（公司決定）
會議場地及設施	會展中心、大學（需要開幕式場地、大型會議室）	選擇有良好設施的酒店
會議和旅遊局參與	經常利用會議局	很少與會議局聯繫
價格	敏感	不太敏感
配偶參加	經常	很少
展覽	經常有	相對較少

公司類會議的具體分類如下。

1. 新產品介紹會和零售會議（New Product Introduction & Dealer Meeting）

企業的銷售總監和銷售人員經常召開全國性和區域性會議，與零售商和批發商會面。在這些會議中，新產品銷售介紹是非常重要的，新產品的銷售介紹和廣告促銷活動主張，要將資訊一直傳送到市場的每一個角落，這就必然要在全國各地召開許多會議。

2. 公司專業技術會議（Professional/Technical Meeting）

公司的專業技術會議經常請顧問、專家、學者甚至零售商參加，通常都以專題研討會的形式召開。

3. 公司管理會議（Management Meeting）

就像銷售和技術人員要開會一樣，各級管理人員也要定期或不定期地召開各種會議，研究處理公司各項行政管理業務，從高層管理人員到基層管理人員都不例外。管理會議通常持續兩天，沒有特定的選址規律。從容易到達的市中心或機場所在地到偏遠的度假地及山林小屋，都可能成為公司管理會議的召開之地。

4. 公司培訓會議（Training Meeting）

培訓會議是指透過一個會期（一週或更長時間）對其專業人員進行的有關業務知識方面的技能訓練或新概念、新知識方面的理論培訓，培訓可採用講座、討論、演示等形式。作為與會人員，其目的是透過參加培訓會議學到專業知識和崗位技能。培訓會議一般時間較長。

5. 公司股東／公關會議（Stock Holder/Public Relation Meeting）

公司還經常感到有必要為非公司僱員召開會議，其中一個會議就是股東年會。有時候這只是一部分人參加的一種純粹流於形式的會議，而大多數時候，股東年會是許多人參加的、相當活躍的持續一整天的活動，中午要安排午餐，下午要安排供應茶點的休息。股東年會的具體活動隨著經濟形勢的變化也會有所不同。另外，公關部門也要召開會議，舉行展示會來完成他們的使命。他們召開的這些會議自然也增加了公司會議的數量。

6. 公司獎勵會（Incentive Meetings）

公司獎勵會是指舉辦方為工作中做出過突出貢獻的員工而舉行的表彰大會。這類會議具有會期短、場面熱烈喜慶的特徵，伴隨著獎勵會議的是大型的宴會和晚會，因此舉辦方應該準備大型的宴會廳和大型的歌舞晚會場所。

四、會議的營利分類

（一）營利性會議（Profit Organization）

所謂營利性會議就是指那些由營利性組織舉行的各項會議，如各種公司會議和各種產業協會會議。這類會議有的直接收費，有的雖然不直接收費，但會議的基本內容是以營利為目的的，所以稱之為營利性會議。既然是營利

性會議，就要進行會議的成本核算，那些成本大於收益的會議要儘量少開或不開，而那些效益非常明顯的會議要多舉辦，這樣才能取得更大的經濟效益。

（二）非營利性會議（Non-Profit Organization）

所謂非營利性會議就是指那些由非營利性組織舉行的各項會議。非營利性組織主要指政府機構、宗教組織和其他非營利性組織。這些組織廣泛地存在於社交、軍人、教育、宗教和聯誼團體中。由於非營利性組織所舉行的會議不以營利為目的，所以稱之為非營利性會議。既然是非盈利性會議，也就沒有必要就要不要舉行會議進行成本核算。但在會議舉行期間，作為舉辦方是應該精打細算的，要堅決杜絕一些不必要的奢侈浪費現象，一定要拋卻「非營利性會議可以不考慮成本因素」的想法和觀念。只有在會議舉辦的過程中把各項費用降到最低，非營利性會議開得才算成功。

世界衛生組織（WHO）、世界貿易組織（WTO）、聯合國（UN）各分支機構、世界旅遊組織（OMT：Organisation Mondiale du Tourisme，原來的英語縮略語是 WTO：World Tourism Organization，為了避免與世界貿易組織的簡稱混淆，改稱 OMT）等也是國際會議的主要舉辦單位，它們介於商業性協會和半政府機構之間。

另外一些經常開會的非營利組織是全國各地的許多社會團體。像其他非營利組織一樣，它們不是大消費者，但它們也會帶來可觀的市場需求。它們經常是一些研討會和論壇的主辦者。在國際上，人們把這些非營利組織稱為「SMERF」，代表社會（Social）、軍人（Military）、教育（Educational）、宗教（Religious）和兄弟會（Fraternal）。對於國際上的許多飯店來講，「SMERF」群體代表了飯店業的一個主要細分市場，因為它們每年都要訂大量的客房，而且又多數在飯店淡季時用房，所以為淡季時的飯店提供了最好的收入來源。

五、會議的規模分類

按照會議的規模即參加會議的人數的多少，可將會議分為小型會議、中型會議、大型會議及特大型會議四種。具體來說，小型會議出席人數少則幾人，多則幾十人，但不超過 100 人；中型會議出席人數在 100～1000 人之間；

大型會議人數在 1000 ～ 10000 人之間；特大型會議人數在 10000 人以上，如節日聚會、慶祝大會等。

六、會議的地域分類

按照會議的地域範圍和影響力，可以將會議分為四個層次，即國際性會議、全國性會議、地區性會議和本地性會議。其中，根據國際大會和會議協會（ICCA）的規定，國際會議的標準是至少有 20% 的外國與會者，與會人員總數不得少於 50 名。由於國際會議在提升舉辦地形象、促進當地市政建設和經濟發展等方面所起的巨大作用，世界上各個國家都在積極爭取承辦國際會議，平均每一個國際會議的申辦國家都在 10 個以上。根據國際大會和會議協會（ICCA）的統計，全世界每年舉辦的參加國超過 4 個、與會外賓人數超過 30 人的各種國際會議有 40 萬個，其市場價值超過 2800 億美元。

隨著世界經濟一體化趨勢的加強和各國經貿合作的日益頻繁，一些國內會議也邀請國外代表參加，因此國內會議和國際會議的界限越來越模糊。

七、會議的行業分類

若以行業為劃分標準，還可以將會議分成醫學、科學、教育、農業、環境等類別。根據國際大會和會議協會（ICCA）的統計資料，從專業角度上看，2001 年舉辦國際會議的比例從高到低一般依次為醫學類（32%）、科學類（13.6%）、工業類（8%）、技術類（7.4%）、教育類（4.7%），接著是農業、社會科學、經濟教育、商業管理、生態環保等。ICCA 國際會議舉辦分類統計情況如表 4-2 所示。

表 4-2 ICCA 國際會議舉辦分類統計　　　（單位：占當年會議百分比 %）

年份	1999	2000	2001	年份	1999	2000	2001
醫藥	25.8	28.2	32.0	體育	2.1	1.9	2.2
科學	12.8	11.9	13.6	環境	2.2	2.1	1.8
工業	8.7	7.8	8.0	法律	1.8	1.8	1.4
技術	8.5	8.0	7.4	語言	1.3	0.9	0.7
教育	4.7	4.1	4.7	建築	1.1	1.2	1.4
農業	4.3	5.1	4.0	安全	1.0	0.9	0.7
社會科學	4.3	4.0	3.6	文學	0.8	0.8	0.6
經濟	4.2	3.6	3.3	歷史	0.7	0.9	0.6
商業	3.6	3.8	3.6	圖書及資訊	0.7	0.9	0.6
交通	3.0	2.5	2.7	數學及統計	0.7	0.9	0.6
管理	3.0	2.9	2.3	地理	0.2	0.3	0.2
文化	2.4	2.6	1.8	其他	0.3	0.3	0.3
藝術	2.1	1.9	1.9	—	—	—	—

資料來源：ICCA（2004）

八、會議的正式與否分類

按照會議是否正式可以將其劃分為正式會議和非正式會議。

正式會議是按照預先規定的規則和程序舉行，並就與會各方共同關心的實質性問題達成具有約束力的協議的會議。

而非正式會議是相對於正式會議而言的，它是在沒有預先確定會議的規則和程序的前提下進行的協商、交際和宣傳。非正式會議並不形成正式的決定或決議，因此，非正式會議並不具有強制力。雖然如此，但它對問題的解決卻可以造成巨大的促進作用。另外，非正式會議一般也不對外公開，它常常是在祕密狀態下進行的。

九、會議的會期間隔分類

按照會期間隔可以將會議劃分為定期會議和不定期會議。

定期會議是按照一定規則和程序定期召開的會議，又可以稱之為經常性會議。例如中國各級人民代表大會定期召開的各種會議、博鰲論壇的年會、上市公司的年度股東大會，等等。

而不定期會議則是根據時局的需要隨時召開的會議，又可以稱之為臨時性會議。會議研究的問題往往與時局的變化有關係，一般是為瞭解決特殊時期出現的特殊問題而舉行的，因此，不定期會議具有應急性和緊迫性。一般來說，不定期會議對會場的安全要求很高。

十、會議的技術手段分類

按照會議技術手段可以將會議劃分為傳統會議和現代電子會議。

所謂傳統會議是泛指那些與會者面對面地進行溝通和交流的會議。

而現代電子會議可以透過現代科技手段，將身處不同地理位置的人們聚集在同一空間裡，並進行有效互動溝通的會議。最典型的就是遠程電視會議，這種會議既達到了交流和溝通的目的，同時又節約了大量的出差費用和時間。

總之，雖然各類會議的區別不很明顯，常常可以互換，但是恰當的名稱能夠幫助人們透過共同的努力為某一活動創造出相應的氣氛或者形象，有助於爭取到會議業務並幫助會議策劃者成功辦會。同時，業內人士應當瞭解並能正確使用這些會議術語，這樣才能達到會議策劃人所期望的專業水準。應該指出，有關會議的一些英文及其翻譯的應用是靈活的，讀者不必拘泥它的釋義。

▍第三節 會議的組成

一、會議的供應機構

會議產品是綜合性很強的組合產品，它的生產不是由一家公司或機構單獨進行的，而且需要由很多家不同行業的企業聯合生產並由相關政府部門和非營利性機構支持、幫助才能順利完成。會議的供應機構見表 4-3。

表 4-3 會議的主要供應機構

主要供應機構	功能特點
PCO	很多社團組織、企業等機構在開會時已經習慣於聘請PCO來幫助其安排、組織。
會議中心	專門爲會議客戶提供會議場地、會議設施、設備和會議服務而獲取收入。
會議賓館	爲會議客戶提供符合一定要求的會議場地、會議設施、設備和會議服務。
會議管理機構	需要會議賓館在接待會議期間臨時改變管理結構，把平時的垂直管理結構變爲跨越部門界限、全力協作共同爲會議提供及時服務的管理結構。
旅行社	旅行社根據會議安排中用於遊覽的時間和與會者的特點，把當地或周邊合適的風景名勝點組合成一條或數條線路，派出合適的導遊人員，安排合適的交通工具，組織參加會議的全部或部分人員進行參觀、遊覽活動。
交通運輸商	大型會議往往要挑選交通運輸商作爲會議的指定交通運輸商，如選擇一家航空公司作爲會議的指定航空公司，選擇一家出租車公司作爲會議的指定出租車公司。
翻譯公司	國際會議所需要的翻譯人員有兩類四種，即書面翻譯人員、口頭翻譯人員（包括段落性口頭翻譯人員、公共同聲翻譯人員、一對一同聲翻譯人員）等。
會議局	會議局是非營利性的組織機構，它負責對城市或國家的會議業進行規劃和管理，爲城市或國家對外進行會議業的整體營銷宣傳，爲所在城市或國家爭取到盡可能多的會議。
政府	政府應當從財政、政策等多方面爲會議業的發展提供有力的支持。

二、會議的人員構成

會議有規模大小和時間長短之分。為了順利達到會議的目標，會議的組織者需要各方人員的通力合作。會議主要的人員構成包括：主辦者；承辦者；與會者；貴賓；其他與會議有關的人員（祕書處、策劃委員會、地方會議及訪問者辦公署、總體服務承包商、主席臺就座者）；會場臨時工作人員。

（一）主辦者

主辦者是對出資舉行會議的組織的統稱。主辦者分三種，一是公司，二是協會，三是非營利性機構（如政府機關、公眾團體等）。

（二）承辦者

承辦者是指被指定來負責會議組織工作的某個人或某個組織，有時這個人也會被冠以其他頭銜，比如說會議規劃人員、設計人員、顧問、會議指導等。承辦者在整個會議的籌備、組織及進行過程中起著重要的作用：（1）主辦者決定舉行一個會議；（2）選擇或聘請承辦者；（3）指定策劃委員會；（4）確定會議目標；（5）選擇會址；（6）選擇發言者；（7）進行市場營銷；（8）舉行會議。

（三）與會者

參加會議的人通常被稱為與會者、參加者、註冊者等，統稱與會者。從某種意義上來說，與會者是會議中最有力量的人物。當一個單位決定要組織一場會議的時候，它的目標（事實上是它的期望）是使與會者認為參加這次會議是值得的。毫無疑問，如果沒有出席者參會的話，那也就沒有了會議。以下介紹會議的幾類與會者。

1. 國際與會者

一般是指那些來自會議舉辦國以外國家的參加會議的人。全球經濟一體化促進了國際間的交往，許多國家的政府也正在放開對其公民進行國際會議旅遊的限制。在物理和社會等諸多科學領域，參加會議的國際與會者比以前有了明顯的增加。作為會議承辦者，應努力為國際與會者參加會議提供方便。

2. 行為障礙者

行為障礙者是另一個特殊的與會者人群，他們在陌生的地方可能需要比其他與會者更多的幫助。會議工作應該充分考慮到行為障礙者的需要，並針對他們的特殊需求提供有針對性的服務。

3. 老年與會者

現在有越來越多的老年人參加會議，因此會議策劃需要特別考慮到老年人的一些特殊要求，如會議當場進行醫療，使用不同以往的視聽設備以適應老年人的視力、聽力的要求等。

4. 女性與會者

最新統計數字中，協會類會議參加者中有近 39% 是女性，而公司類會議參加人中有 35% 為女性。女性與會者的年齡層也比 20 年前相對降低，大約在 25 ～ 40 歲之間。在會議籌備時，需注意女性在某些需求上與男性與會者不同。例如飯店業就瞭解這方面的不同，增加了女性用品如乳液、洗髮用品、化妝鏡及女性樓層；在停車設備方面也加強了停車場燈光與安全設施。

（四）貴賓

許多會議都會邀請一些貴賓或公眾人物參加或發表演講。他們可以是官員，也可以是舞臺或影視名人、重要書籍或劇作的著者或當時的公眾名人。會議常常借助貴賓的知名度來擴大會議的影響。貴賓應該受到特殊的對待，有時也需要特殊保密措施、安全措施以及保護措施等。

（五）會議有關的人員

1. 祕書處

會議的籌備和舉行需要進行大量的管理和文案工作，因此會議承辦者需要設立一個祕書處。這個名詞在許多國家使用得十分普遍，祕書處可以只有一個人，也可以有若干人，他們按照承辦者的指示進行工作。在會議舉行之前，祕書處通常要做以下工作：聯絡發言者；與服務和物資提供商合作；聯絡與會者；收集與會者材料並準備名卡等。在會議進行期間，祕書處主要負責的工作是：登記註冊、服務；物資供應；危機管理等。在會議結束後，祕書處則負責後續工作。

2. 策劃委員會

策劃委員會由主辦者指定的人員組成，是一個對會議負有某些責任的團隊，通常由主辦組織內部成員構成。組建策劃委員會的原因之一是為了確保會議的創意和策劃是集思廣益的結果。承辦者通常需要與策劃委員會合作。策劃委員會要負責大量的工作，他們的職責涉及：確定會議目標；會議選址；定義與會者人群;確定會議持續時間;確定會議日期;調配資源;選擇後勤人員;批准預算。

3. 地方會議及訪問者辦公署

地方會議及訪問者辦公署常常被會議承辦者視為一種特殊的資源。美國有 400 個這樣的辦公署，其活動涉及會議選址、酒店預訂、發放提供相關城市及周邊地區資訊的印刷材料以及其他會議輔助工作。許多地方會議及訪問者辦公署都是國際協會的成員。

4. 為會議提供各種服務和物資的供應商

會議承辦者需要大量供應商來提供所需的服務和物資，其中包括酒店、會場、旅行社、航空公司、汽車公司、名卡製造商（當業務外包時）、公關組織、印刷公司、貨運公司、幻燈放映員、電工等。

5. 主席臺就座者

會議承辦者需要安排一些人在主席臺或講臺上就座，這些人可能是發言者或演講者等。發言者是對一次會議負責的人，可能是主要發言人，或者是小組的領袖。他不一定要對某個問題發表演講，而是負責確保會議按照議程進行。有時，他們又被稱為講話者、討論主持、小組領袖、後勤人員。演講者要在全體大會上發表演講。在其他會議上發表演講、回答問題或進行其他類似活動的人被稱為主席臺就座者。

（六）會議臨時工作人員

會議籌辦人員或會議主辦單位需要訓練一批臨時工作人員，以便會議期間為與會者提供相關的服務。對與會者來說，這些人員的表現代表主辦單位或參展商，如果他們得到了良好的訓練，那麼一定能在會場有很好的表現，那會議也一定能得到與會人員的讚賞，所以不能忽視會場臨時工作人員以及他們的工作狀況。

會場臨時工作人員通常主要包括以下幾類人員：當地工作人員、模特以及有某種技能者。主辦單位和參展商通常會僱用當地工作人員在現場處理一些比較簡單的工作，因為他們對當地比較熟悉。另外，他們可能會需要一些男女模特來介紹產品，還需要在某一方面有基本技能的人為會場提供服務。

臨時工作人員的工作內容包括：簽到、打字和出納；售票；諮詢；處理臨時辦公室行政事務；各會場聯絡；整理報名卡；新聞室接待；接待室接待；

參展產品示範；分送和收集會議調查表。對臨時工作人員的基本要求包括：良好的溝通技巧和語言能力、熱誠、靈活、機智。另外，還包括瞭解花藝、能使用辦公室事務處理設備（如電腦、影印機等）、維護辦公室家具和設備、擔任保安和攝影工作等其他相關要求。

相關連結

韓國藉 APEC 會議捕捉商機

　　初冬的釜山層林盡染，落葉繽紛。第 13 次亞太經合組織領導人非正式會議即將在這裡舉行。善於捕捉商機的富商巨賈也從世界各地雲集此地，欲藉 APEC 會議的機會大顯身手。韓國企業借助天時、地利、人和，更是勢在必得。

　　作為此次 APEC 系列會議和活動的東道主，釜山市使盡渾身解數，開展了一場聲勢浩大的招商引資活動。14 日，釜山市在其市政廳開始舉行為期 4 天的投資會議，會議吸引了來自 APEC 成員的近 500 個投資和商業機構以及國際組織的代表。出席活動的重量級人士包括經濟合作與發展組織（OECD）祕書長約翰斯頓，1999 年諾貝爾經濟學獎獲得者、美國哥倫比亞大學教育蒙代爾，eBay 總裁惠特曼，花旗集團首席副總裁羅茲等。

　　投資會議是釜山 APEC 系列會議和活動的一部分。期間，APEC 和 OECD 將聯合舉行投資研討會，世界投資促進機構協會將舉行亞太地區投資諮詢會議。亞太經合組織各成員的投資和商業機構也將藉機介紹投資背景和意向，並提供資諮詢。釜山市則利用這一平臺，充分展示釜山市的魅力，大力介紹該市開城工業園區的投資環境。

　　作為韓國第二大城市，釜山極具地理優勢，它依山傍海，交通便利，位於北美和歐洲海上運輸通道的交會處，就其集裝箱吞吐量而言，釜山港稱得上是世界第五大港。釜山早已制訂雄心勃勃的計劃，欲把該市建成東亞最具活力的城市。本次會議期間，釜山推出的口號便是「充滿活力的釜山」。據悉，釜山希望借助 APEC 會議，吸引開發新港和自由貿易區的大筆投資，將釜山建成東北亞的工業、經貿和文化中心。釜山市政官員還透露，釜山將爭

辦 2020 年奧運會，相信透過成功舉辦 APEC 會議，釜山的競爭力將得到提升。

作為一個工業發達國家，韓國不乏利用大型國際活動開拓商機的豐富經驗。釜山曾於 2002 年成功承辦韓日世界盃足球賽事和亞運會。這次承辦 APEC 會議，釜山再次顯示了其出色的組織和招商引資能力。據釜山市政府官員介紹，APEC 會議為釜山帶來的直接和間接經濟收益將達 4000 多億韓元（1 美元約合 1030 韓元）。不少國家紛紛看好釜山的投資環境。記者瞭解到，日本已派出了一個由 55 家企業組成的投資團參加此次投資會議，擬投資額總計 1 億美元。

APEC 會議期間，韓國各路商家八仙過海，各顯其能，爭相為會議做貢獻，以展示自己的產品。現代汽車集團為會議贊助了 424 輛「雅酷士」豪華車，其中超級豪華的 4.5 加長車型就有 74 輛，專供參加會議的各成員國領導人乘坐。三星、LG 和 KT 等著名韓國電子企業也早已瞄準了 APEC 會議提供的巨大商機。它們不但占據了會議新聞中心的顯著位置為記者提供優質的免費電信服務，而且將等離子顯示屏和液晶顯示屏安置在部長會議和領導人會議的會場。韓國電信公司（KT）則向會議提供了 500 多部最先進的具有移動上網和移動收看電視功能的新型手機。韓國央行和郵政局也期待著為這次 APEC 會議增光添彩，並從中受益。韓國央行發行的 APEC 紀念銀幣今天正式面世。韓國郵政局也將於 18 日 APEC 領導人非正式會議開幕當天發行一套紀念郵票。

第四節 會議的管理

儘管會議的規模有大有小，形式多種多樣，會期也長短不一，但是，從流程上來說，會議還是有一定規律的。會議的流程基本上表現為：確定主題→會議策劃→宣傳、推廣、公關→為會議和活動進行日程安排→舉行會議→結束→評估。因此，可將會議大致分成三個階段：會議前的策劃階段、會議中的執行階段和會議後的評估階段。

一、會議前的策劃管理

會前準備階段的管理工作主要包括會議策劃、會議選址、會議營銷和會議預算四個方面的工作。

（一）會議前的策劃

會議策劃的首要工作就是成立會議策劃委員會，然後由會議策劃委員會擬訂具體的策劃方案。

1. 會議策劃委員會

成功的會議都必須指定內部成員或外部專業會議策劃委員會。根據國際會議的慣例和國際會議聯合委員的要求，會議策劃委員會的職責應包括以下一些主要內容（表4-4）。

表 4-4 會議策劃委員會的主要工作

主要工作	主要內容
確定會議目標	會議策劃委員會要有具體的目標，並以文字形式落實下來，明確策劃委員會與承辦單位之間的關係，明確策劃委員會的具體職責（應向誰負責），明確策劃委員會何時結束使命。
確定會員人選	確定會議策劃委員會成員的來源，是內部選取，還是外部指派。
會議主要責任	選擇會議地點（城市）、選擇會議飯店和其他設施、安排會議日程、制定會議預算、負責會前、會中與會後的評估等。

在這些工作中，最重要的就是負責選擇會議活動的地點、飯店和其他設施及制定預算。

2. 會議前的策劃方案

根據會議的一般流程，會議策劃的基本方案如下。

（1）全體大會。每一個會議至少要有一次全體大會，把所有的與會者同時聚集在一個會場裡。全體大會通常作為會議的開幕式或閉幕式，但是也可以安排在其他時間。全體大會一般有一個發言人（有時稱為主題發言人），

但這不是必需的。全體大會上可以進行媒體演示、短劇表演或其他具有鼓動性的活動。

（2）並行會議。並行會議是會議最常用的一種形式。所謂並行會議，是指同時進行兩個以上的會議。大型會議中的並行會議有 20 ～ 200 個不等，而小型會議可能只有 2 ～ 3 個會議同時進行。一般說來，並行會議雖然切合整體會議的主題和目標，但與其前面進行的會議並無直接關係。實施並行會議可以利用各種不同的手段和技術，會上不一定要發表演說或朗讀論文。

（3）分散會議。分散會議第一眼看上去很像並行會議，但實際上兩者有非常大的差別。雖然有人用分散會議指代所有的小組會議，但在此，分散會議是指在全體大會之後，讓與會者能夠從不同角度和深度對全體大會的議題進行討論的小型分組會議。這些會議可能由小組領導組織，按照一定議程對一系列問題展開討論，或者與會者之間進行自由討論。分組討論的結果可能被製作成報告，在其他全體大會上公布，也可能將每個分散的小組提交的報告納入整個會議報告中。

（4）重複會議。當會場不足以容納所有預計的與會者時，並行會議也可能轉化成重複會議。在進行並行會議的時候，與會者在一個時間段裡當然只能選擇參加其中一個會議，因此可能錯過其他一些他們感興趣的會議。這種需求有時可以透過參加重複會議得到一定的滿足。有些重複會議也可能是事先沒有納入計劃的。

（5）特權會議。大多數會議都是對所有與會者開放的。除此之外，還有一種特權會議，參加會議的與會者都必須符合一定的條件或資格認證。不過，這種會議在整體策劃中很少使用。

（6）聊天會議。這種會議是一種沒有發言人也沒有議程的非正式會議，有時候還會為與會者提供軟飲料、咖啡和茶等，以營造一種輕鬆、愉快的會議氣氛。

（7）會場外的活動（實地旅行）。一些會議會在會場之外安排一些實地旅行，作為會議過程中的休息，如參觀與會議主題相關的便利設施；參觀歷

史名勝，等等。活動歸來或在後面的會議部分，人們將就活動的結果進行討論。

（8）會議展覽。除了開會之外，會議過程中還有一些其他活動對與會者也很重要。在會場某部分舉行展覽，可以使參展者有機會展示他們的產品和服務。展覽的規模可根據具體情況確定。

3. 會議前的相關事件與活動的策劃

在可能的情況下，所有與會議有關的事件和活動都應該被列入會議策劃。因此，除了基本的會議策劃方案之外，與會議相關的事件和活動的策劃也很重要。儘管這些事件和活動並不是每個會議都必需的，然而一旦決定將其中的某些事件和活動納入策劃，就需要對它們給予與會議其他事件同樣的重視，做好預算以及管理支持等工作。

與會議相關的事件和活動有許多，其中一些應體現在主體日程安排中，如主要宴會等，其他只是為與會者提供可選項，不必列出具體日程。

（1）結伴體制。結伴體制是將與會者結為小組，在會議的過程中互相做伴。這種體制可以在任何規模的會議中應用，在大型會議中尤為有效。通常情況下，是一對一結伴，有時也可由 5 人或 5 人以上結為小組，只是 5 人以上小組需要大量的內部組織和管理，因此無法達到結伴的最佳效果。

（2）臨時會議分組。會議中可能會有不同種族、信仰、膚色、性別、專業和地區的與會者。在很多時候，他們只與和自己具有某些相同特徵的與會者打交道，而失去了與不同的人們進行交流的大好機會。因此，在組織一些大型的會議時，臨時會議分組可以彌補此不足。臨時會議分組通常是 10 人以下的小組，他們在會議期間結組活動，如果願意的話還可以在會後繼續交流。

（3）交誼會。交誼會也被人們稱為熱身、破題或開局，是一些專門設計用來促進人們之間交流的活動。彼此並不相識的陌生人可以藉此機會一起交談，幫助與會者立刻進入會議的狀態，並使他們感到舒適。如果進行順利，交誼會可以為會議製造出熱烈融洽的氣氛。

（4）休息區。休息區和公共休息室或興趣活動場地相似，只是氣氛更為放鬆，沒有任何規定的活動（公共休息室往往有很多活動，如小型會議、展示等）。在會議過程中，與會者常常需要從會議的忙亂和壓力中抽身出來，放鬆一會兒，和其他人會面，休息區就提供了這樣的場所。

（5）興趣活動場地。有特殊興趣的與會者常常希望在會議過程中與其他具有相同興趣的與會者會面交流。會議可以專門安排一些這方面的活動，也可以在會議整體策劃中提供一個興趣活動場地。

（6）運動和娛樂活動。由於人們現在越來越注重健康和體質，所以各類會議也對向與會者提供運動和娛樂活動產生了興趣。這些活動可以作為會議的一部分安排相應的日程，也可以作為與會者在自由活動時間的可選活動。這樣做可以滿足那些習慣經常運動的與會者的需求。同時，要提供儘量多樣的運動和娛樂活動，讓與會者選擇是否參加。

（7）文化活動。文化活動包括觀看戲劇、芭蕾舞演出、音樂會、歌劇，以及參觀博物館和展覽等。對有些與會者來說，欣賞激動人心的體育賽事也是很好的文化活動。在大型會議中，這兩類文化活動都可以安排，以便滿足廣大與會者的需求。

（8）家庭參觀。這項活動就是在會議期間，安排家在會議舉辦城市的與會者邀請來自其他城市的與會者到自己家裡做客。該活動的目的在於讓做客的與會者瞭解主人的家庭生活情況，增進與會者之間的個人交流。它通常更適合國際會議，在全國性會議中也可以應用。

（9）表彰。進行表彰的原因有很多，其中最主要的就是為了對那些為會議主辦方或在會議的某個主題領域做出突出貢獻的人或組織進行獎勵。如果要將表彰活動納入會議策劃，必須事先經過深思熟慮，因為將要受到表彰的人或組織可能成為會議宣傳的一部分，因此在會議策劃中必須考慮到這些因素，以便將表彰活動的影響擴展到最大。

另外，根據會議的內容、風格和節奏的不同特點，會議的舉辦方應該注意以下方面：

　　第一，要選擇好關鍵的演講人。在選擇演講人的時候，要認真研究演講人的風格，及時使用言論新穎甚至帶有爭議的演講人也會給會議帶來意想不到的效果，造成事半功倍的作用。

　　第二，要計劃好會議活動類型。這雖然取決於會議預算和客戶的類型，但也需要舉辦方認真策劃，如果選擇得當，一個好的社會活動會賦予會議獨特的魅力，並在與會者的腦海中留下深刻的印象。

　　第三，要適當提供相關的城市旅遊或商業參觀服務。這類服務往往會激起與會者的興趣，並延長他們的停留時間，為當地帶來諸多好處。

　　第四，要合理安排時間，給與會者更多的自由時間以便辦一些個人的事情。

　　（二）會議場址的選擇

　　會議場址的選擇（包括設施、環境和工作人員）相當重要，這也是會議策劃委員會的主要職責。會議地點的地理位置、設施、環境和工作人員的服務水平、質量都對會議的成敗起著關鍵的作用。

　　1. 會議場址的選擇類型

　　召開會議的場所可以有很多選擇，主要類型如下。

　　（1）飯店（酒店）。各大酒店都建有會議室並提供會議設施和其他便利場所，以便為自己帶來利潤。

　　（2）會議中心。會議中心是為大型會議專門設計的，可以分為帶室內設施的會議中心和不帶室內設施的會議中心兩種類型。

　　（3）大學和學院。一些大學及學院中都設有某種形式的會議場所，並且對外界團體開放（收費將高於內部團體），有些大學的會議場所具備與商業會議中心同等規模和水平的設施。

　　（4）輪船。輪船可以作為會議地點，這些船隻特別為會議設計，而非普通的遊輪。除了一般輪船應具備的設施外，它們還能提供特殊會議設施，如會議室及錄影放映設備等。

（5）療養地和主題公園。一些會議地點除了擁有療養地和主題公園所具備的設施之外，也常常提供各種會議設施，在這裡舉辦會議可以達到放鬆減壓、娛樂旅遊的目的。

（6）公共建築。屬於國家當地政府所有，或由其經營的建築有時可以舉辦會議。在這類地方舉行會議，需要事先聯繫相關的政府部門進行協商。如博物館、圖書館和文化館這類公共場所一般是由國家投資建設的，它主要用於公共事業，是典型的非營利性設施。

應該注意到，會議和展覽對場址的要求不同，其主要差別見表 4-5。

表 4-5 會議和展覽對場址選擇的差異

項目	展覽場址的選擇	會議場址的選擇
導向	市場導向。	設施條件導向。
重複性	重複性強。	重複性很小。
場地要求	要求場地面積較大，使用時間較長，進館和備館的申請時間也會長。	場地要求分散且時間比較短，進館的時間不長。
服務範圍	只提供基礎設施，而展覽承包商需負責一些服務，如展台搭建、運輸等；展覽的餐飲服務簡單。	依賴場館提供全面服務，包括音響、通訊、資訊系統、場地布置等；會議的餐飲服務要求全面。
參與人數	參與人數較多，一般有上萬人。	會議參與人數比展覽會要少，上千人的會議就是大規模會議。

2. 會議場址的選擇標準

會議的選址主要是根據會議的內容、性質、規模和預算情況而定的，可從以下主要方面來考慮選址問題。

（1）距離與交通。距離一是指會議地點與參會者之間的距離，二是指會議地點與中心城區或核心景點的距離。一般情況下，人們更傾向於選擇距離

更近的會議地址，但要根據會議的財政預算情況而定。交通狀況一是指是否擁有快速通道，如航班、火車、高速公路等，二是指交通是否便捷與暢通。

（2）城市形象和國際認知度。在選擇會議舉辦城市時，應看重城市的形象以及國際會議組織者對該城市的認知度，有時對城市形象的重視程度甚至要高於對會議設施的重視程度。

（3）舉辦地的會議歷史。如果舉辦地有很長的會議舉辦歷史，且舉辦過許多著名的國際國內重大會議，那麼其舉辦會議的歷史淵源和傳統就值得重視。但這些地點的會議設施價格更貴一些。

（4）會議接待飯店和設施。舉辦方需要詳細瞭解會議地點的客房（含VIP）數量、房價、房間設備、餐飲服務質量、客房管理水平和服務質量、快速入住和結帳離店手續、商務中心和酒店的信譽。

（5）專業技能。籌辦會議需要各方面專業人才的配合。會議活動從註冊登記開始，到與會者的入住、文獻資料的準備、會議開幕式、演講、燈光和音響控制、餐飲服務、舞會、閉幕式等，各項工作都需要各方面專業人才的配合。因此，酒店、會議中心、專業會議組織者（PCO）等會議行業的成員都必須具備出色的管理能力。

（6）成本費用。舉辦方應瞭解會議地點的收費情況，包括住宿費用、用餐費用、會場租賃費用、娛樂費用、押金、淡季折扣、保險、附加費等。

（7）安全保衛。確定會議地點工作人員是否擁有較強的安全意識，並檢查每個房間是否有煙感報警器和噴淋裝置，查看酒店是否公開緊急事件逃生程序和明顯標記，檢查會議地點是否配備保險箱，是否配備常住醫生等。

（8）會議服務設施。會議地點周邊是否有汽車租賃服務，是否可以提供一些必要的娛樂健身設施（高爾夫球場、網球場、游泳池等），會議場所與周邊的娛樂場所有否業務聯繫，是否可以優惠收費，周邊購物環境如何，會議有否特殊服務等。

（9）目的地政府的邀請。能夠得到當地政府的邀請，就意味著在該地召開會議可能會享受到一些優惠。如果有了政府的支持，會對以後開展工作有所幫助。

（10）氣候與觀光。考察會議地點的氣候與周邊的景點狀況如何，是否擁有豐富的旅遊資源。要瞭解會場與景點之間的距離、與會者對景點的關注和興趣以及景點收費狀況等。

總之，在選擇會議場址方面，要做到細緻入微，要製作會議需求清單，根據會議需求清單進行會議場址實地考察，最終決定在什麼地點舉行會議。

3. 會議舉辦場所或酒店的選擇

在選擇會議場所或酒店時，會議策劃者所考慮的主要因素如下。

（1）適當的會議空間。會議場所或酒店是否有足夠的空間舉行專題討論和委員會會議，是否能夠駕輕就熟地提供餐飲聚會而不會影響到會議的正常進行。

（2）充足的客房。會議組織者希望把所有與會者都安排在同一家酒店裡。除了需要單人間和雙人間外，也需要套間。如果不能把所有與會者安排在同一家酒店裡，最好把剩下的人員安排在附近的酒店。

（3）餐飲的安排。大規模的會議有成千上萬人參加，餐飲安排非常重要。協會組織在選擇會議場所或酒店時，需要考慮是否有適當的餐飲場地。

（4）適當的展示空間。展覽既可以增加收入，也可以吸引會員，所以會議籌劃者都希望會議場所或酒店能提供適當的展示空間，或者能夠在會議場所或酒店附近尋找到展示空間。

（5）便捷的交通。會議策劃者希望所選擇的會議場所或酒店附近擁有便捷的交通設施，從而方便與會者外出遊玩、購物。

（6）優質的服務。會議策劃者希望會議場所或酒店能夠提供優質的服務，從而樹立會議的良好形象，帶來更多的回頭客。

（三）會議前的營銷

　　會議前的營銷是會議成功的關鍵，而成功的營銷是需要制訂一套完整的營銷方案的。從會議營銷的實務來看，會議前的市場營銷需要考慮如下幾方面的因素（表4-6）。

表 4-6 會議前營銷的主要考慮因素

考慮的主要因素		特點
會議對象	會議受眾	會議的受眾就是與會人員，舉行會議首先要考慮會議受眾的目標和意願，以便通過會議來實現這些目標，並滿足大多數會議受眾的意願。
會議宣傳	明確主題	組織召開記者招待會或進行媒體宣傳等，強調會議的主題和重要性，到達會議城市後的諸多好處等。
會議推廣	材料郵寄	主辦方要考慮的問題包括：郵寄數量、郵寄對象、郵寄時間、郵局規定、 與會者的資料和訊息、郵寄成本、郵寄反饋率、郵寄方式等。
會議推廣	會議廣告	主辦方往往要通過媒體和網頁做一些廣告宣傳，應考慮是否聘請專業的廣告代理，在何種媒體上做廣告，廣告的形式、初步預算、效果如何等問題。
會議公關	會議媒體	通過媒體進行公關活動不僅僅是要吸引與會者，而且還要在公眾和與會者心中樹立會議主辦者和會議舉辦城市的形象。

（四）會議前的預算

　　會議前的預算是會議經濟必須考慮的問題。在營利性會議中，是否營利是決定會議是否成功的關鍵，而在非營利性會議中，經費是否節約也是決定會議是否成功的重要因素之一。會議主辦方首先要控制會議的總體預算。控制預算的第一步是確認此次會議屬於什麼性質的會議，是營利性的，還是非營利性的。對營利性的會議來說，營利越多越好；對非營利性的會議來說，保證收支平衡最為關鍵。無論是何種會議類型，會議舉辦方在制訂預算過程中，都必須做詳細的收支計劃。

　　會議的收入幾乎是固定的，而會議費用則是一個無底洞，因此，控制會議費用，整理費用清單就成為會議預算的關鍵。會議費用包括兩類，一是固定費用，二是可變費用（表4-7）。

表 4-7 會議前的主要費用預算

費用種類	主要內容
固定費用	場地設施費、演講者酬金、差旅費和支出、公關費（包括宣傳手冊、郵寄廣告、新聞稿、廣告、記者招待會）、海報宣傳、會議通知、報名表、會議手冊、行政費、視聽費、臨時設備租用費（如家具、設備與燈光）、展覽費、服務費、路標、鮮花和其他用來製造氣氛的項目費用、運輸費、保險費、審計費、貸款利息或透支費用等等。
可變費用	根據與會者人數的多少而變化的費用，如餐飲費用、交通費用、旅遊費用、住宿費用，娛樂費），會議裝備（如文件夾、徽章、與會證書、邀請卡、會議論文摘要集、與會者名冊等）和文書費（如材料郵寄、註冊）、禮品費用，等等。

　　會議的預算是否準確一方面取決於舉辦方掌握資訊的程度和預算製作水平，另一方面也取決於意外事件的變化。例如，突然漲價會引起預算的大變動，會議進程的改變或會期的延長都會增加會議成本，演講人的變動也會影響會議的進程和主講人的酬金水平，所以，在製作會議總預算中，要留有一定的餘地，預留 10% 的費用作為機動是比較明智的選擇。

　　除上述幾項重要責任外，會議策劃委員會在會前的其他責任還包括擬好包含邀請信、會議決議在內的各種文件，落實出席對象等。會議策劃和組織者必須牢記責任，精心地策劃和安排每一次會議。隨著企業全球化和經濟一體化的發展趨勢，可以預言，公司、協會甚至各種非營利組織的會議預算將會有很大的提高。

相關連結

武夷山，您會議的選擇

　　武夷山位於中國福建省北部，是全國唯一一處集國家級重點風景名勝區、國家級旅遊度假區、國家級重點自然保護區於一體的著名旅遊勝地，是中國首批優秀旅遊城市、世界第 23 處、中國第 4 處世界自然與文化雙重遺產地，也是國家重點文物保護單位。武夷山素以其豐富的自然生態資源、獨樹一幟的風光美景和燦爛悠久的歷史文化、天人合一的和諧環境著稱，享有「碧水丹山」之美譽，是中國最為優秀的會議旅遊勝地之一。

武夷山旅遊交通條件。武夷山已形成航空、鐵路、陸路三大主體交通網體系，武夷山機場系全國一類航空口岸，武夷山旅遊酒店均位於武夷山國家旅遊度假區，度假區距機場 10 分鐘，距火車站 15 分鐘，距市中心 20 分鐘，交通極為方便。

武夷山會議酒店設施。目前，武夷山擁有星級酒店 40 多家，商務會議室近百個，多功能會議廳 500 多個。酒店提供商務出租、電腦、傳真機、導遊、用車等多項配套會議旅遊服務。

武夷山會議服務標準。（1）全天候的機場、車站接送服務，確保會務代表順利入住酒店；（2）為您選擇最佳的會議場地，會址的詳情諮詢與預訂服務；（3）完善的航空銷售系統足以滿足會議航空票務的預訂諮詢與購買，代訂返程機票、火車票等票務，並提供相應的送票服務；（4）精心布置會場，協助會務組織做好簽到、報名、登記等細小的流程工作；（5）提供機場、酒店的特色禮儀迎送服務；（6）提供會議開展中的完善設施（攝影機、投影儀、白板、紙筆、播放音響、麥克風、錄影機）；（7）提供會議期間的各項翻譯工作；（8）提供會議全過程的拍攝、製作、編輯、成片及送片服務；（9）提供專項定做的會議禮品或旅遊紀念品；（10）優惠價格安排參會代表的會後考察活動。

二、會議中的執行管理

（一）會議中的執行管理

在會議中的執行階段，會議舉辦方的管理工作主要包括以下方面：

（1）進行會前協調。一是可以及時、完整地表達會議主辦者、承辦者的意圖，二是將工作分層安排，以便各個崗位的工作人員都詳細瞭解自己的工作內容與責任。

（2）編制與會人員手冊。手冊形式可以多種多樣，但應包括姓名、職務、工作單位、地址、電子信箱、聯繫電話等基本內容。

（3）編制會場手冊。預先按照會議進程而做出的會務安排和責任清單。與會人員可以拿到詳細的會議日程；會務人員可以拿到會場手冊的責任清單，以便把會場的具體責任落實到每一個人。

（4）設立資訊中心。大型會議的資訊中心都設有固定的發言人。發言人代表大會向社會和各種媒體發表公開資訊，在一般情況下，沒有經過資訊中心發言人的同意和允許，任何媒體都不得擅自發表任何與會議有關的資訊。

（5）簡便報到程序。儘量使報到程序簡便，提供正確及多方面的報到諮詢並記錄收費情況。無論是利用電腦還是人工，是會前還是現場報到，最主要的是正確和高效，減少時間浪費。

（6）有效現場溝通。現場所有員工（如主要承包商，場地工程、服務、餐飲和保安人員，以及視聽工作人員等）彼此協助，及時處理現場的每一件事務，包括確保電話、無線對講機、移動電話、呼叫器、留言中心等常用的設備正常運行，以及向員工發布現場簡報以進行精神激勵，等等。

（7）維持會場秩序。會議舉辦方會設立一個會議協調委員會，並由這個委員會具體負責維持會場秩序，處理會議過程中出現的各種會場紀律、服務糾紛、安全等方面問題。

（8）加強會議交流。常用的會議日常交流方式有：製作新聞簡報、設立公告牌、發布日常新聞、在會議活動中發布聲明，等等。會議的日常交流既包括與會人員之間的交流，也包括與會人員與各種媒體之間的資訊互動。

（二）會議中的特殊事件

會議中，對危機和緊急事件的處理也很重要。

1. 緊急醫療

有些與會者可能會因為改變飲食、喝酒、睡眠不足、疲勞、面臨不熟悉環境、孤獨等原因在會議期間生病。因此，有必要根據與會者平均年齡、活動範圍和過去會議經驗制訂緊急醫療計劃，如建立緊急醫療系統、設立會場醫務室等，以便應對突發的緊急醫療事件。

2. 衛生

餐飲和衛生對會議主辦者來說是最大的挑戰，所以要謹慎選擇合作對象，萬一出現因食物不潔而造成腹瀉或食物中毒現象，將造成無法彌補的損失，主辦國家、城市、主辦者的形象也會大打折扣。

3. 火災

與會者都應該知道在活動中遇到火災的逃生技能，飯店有責任告知客人逃生的步驟與方法。而會議主辦者與承辦者扮演著更重要的角色，他們有責任保護與會者並提供相關方面足夠的資料，嚴格做好場地檢查，熟悉安全措施。

4. 簽證

通常在會議通知中都會說明簽證的細節，但仍有些國外與會者忽略此問題，特別是對重要貴賓，一定要強調簽證問題。因簽證造成的延誤，會使大會節目調整，帶來一系列麻煩。

5. 盜竊

與會者在會議當地遇到盜竊事件會留下不良印象，特別是在國際會議期間，有必要要求地方政府加強治安管理，避免發生盜竊事件，同時應以書面告知與會者注意做好安全防範。

（三）會議中的經濟收入

舉辦會議是會議組織的主要收入來源。特別是對幾乎所有的協會組織而言，意義更大。協會組織的會議收入形式如下。

1. 展覽收入

舉辦展覽時，協會組織可能要支付使用展廳的費用，也可能由於預訂了大量的客房而免費使用展廳。對於每個展覽最基本的裝飾，協會組織將支付一定的費用，但它向參展者索要的攤位費將大大高於該費用。其差價及免費使用展廳而獲得的收益就是展覽收入。

2. 會費收入（會議登記費）

會員參加協會會議時，需要向協會組織交納會費，會費可能從幾十元到幾百元甚至上千元不等，這構成了協會組織又一重要的收入來源。協會組織所收取的這些會費中有很大一部分是要交給飯店用作餐費的，但飯店一般只按實際收到的餐券數收取費用，而與會者並不會每次都在飯店用餐，這又給協會組織帶來更多的利潤。

3. 附加收入

協會組織還可以在自己的出版物中插入廣告和其他相關項目，從而得到更多的收入。有時參與會議的公司會贊助一部分項目，更會減少協會組織的支出成本。

由此可見，舉辦會議可以為協會組織帶來豐厚的收入。此外，透過舉辦會議還會為組織吸納到新的會員。

相關連結

寶潔把會議當做備忘錄

寶潔的開會次數沒有其他公司那麼多。就資訊交換或制定決策而言，會議通常被認為是沒效率且沒有效果的辦法。

會議對於腦力激盪、制定決策、追蹤事項、資訊交換，或協調跨部門團隊是有其作用的。但是寶潔的會議比起其他公司具有較高的目的性而且很有組織。如同精心雕琢的備忘錄一樣，它是一個非常有效率的資訊溝通及行動方案和建議工具，會議的運行也採用相同的組織性及精確度。寶潔的離職員工到其他公司上班時，首先要面對的事情恐怕是無邊際的會議及缺乏書面溝通。透過備忘錄，他們可以詳細研究每個步驟之間的關聯性。但是，會議卻不能辦到。前任寶潔人也覺得簡報的形式（從圖表展示到簡報者的個人風格）容易使人分神。

創意審查會議（廣告商向品牌經理簡報新製作的廣告）可以展現寶潔的會議形式。像備忘錄一般，會議以聯結各個部門為目的而組合起來：目的概述、背景說明、建議以及論證。寶潔典型的創意審查會議，一開始便由品牌經理說明本次會議計劃達到的目的，然後由品牌經理（或副經理）進行創意

目的及策略的審查。品牌經理的對等窗口，即廣告商的客戶服務專員，將說明廣告與策略的發展過程及其相關性。

接下來創意總監或廣告文案撰寫人，個別或同時進行廣告簡報。他們充滿熱情及活力的簡報給人身臨其境的美妙感受。一陣肅靜之後，品牌經理、副經理及營銷經理都忙著做筆記。品牌副經理首先回應。他針對簡報資料是否確實執行品牌的廣告策略進行評論——而不是他對此廣告的好惡與否。然後他運用在寶潔廣告文案學院所學的廣告評價技巧來提出相關的評論。廣告商可以回應並解釋廣告是如何詮釋品牌的廣告策略的。接下來是品牌經理發表評價品牌副經理的意見，並加上一些個人的看法。廣告商也提出相應回應。然後是營銷經理針對先前的討論，提出過去寶潔的廣告經驗及一些個人的主觀評價。同樣地，廣告商也提出回應。如果營銷經理是最資深的與會者，他將作最終的定奪，然後品牌經理總結會議結論及追蹤事項。

受過培訓的寶潔人能夠體會創意過程的獨特本質，而不會輕率評價創意成果。然而，會議的根本架構是客觀並有目的性，會議的焦點將不斷地鎖定廣告目標、策略及終極目的。

（資料來源：蘇偉倫，童澤望 . 寶潔：把會議當做備忘錄）

三、會議後的評估管理

評估總結階段的管理也是非常重要的，因為對會議舉辦方來說，每舉辦一次會議都是一次歷練，都會為日後的會議舉行積累經驗。因此，會後的總結工作不是獨立的業務工作，而是管理工作的有機組成部分。透過統計整理現有資料和研究分析已做過的工作，會為將來的工作提供數據資料和經驗教訓。評估總結階段的管理工作一般分為三個方面：一是做好會議的總結與評估；二是做好客戶的回訪工作；三是召開會務總結表彰大會，感謝相關人員。

（一）會議後的總結評估

一旦會議結束，舉辦方就應該立刻進行總結評估。會議的總結和評估分為三部分，第一部分評估會議受眾的滿意程度；第二部分總結經驗教訓；第三部分是專業評估（表 4-8）。

表 4-8 會議後的總結與評估

總結與評估	主要管理特點
受眾滿意度	受眾是指會議的與會者、媒體和社會各界群眾。與會者的滿意程度在會議期間就可以進行封閉式或開放式的市場抽樣調查，會後還可以通過電話跟蹤的方式進行調查，客戶的意見將成為下次會議改正的依據。

總結與評估	主要管理特點
總結經驗和教訓	會後經驗和教訓的總結一般分為三部分：一是會議從籌備到結束的各項工作總結；二是會議的效益分析和成本核算總結；三是本次會議的市場調查，如本次會議在市場同類項目中所占的市場份額、優劣勢比較、競爭情況等。
評估	主辦單位聘請專業公司系統地對會議進行定性或定量的評估，如對成本效益的評估、宣傳效果的評估、會議影響力評估等，將有利於主辦單位發現問題，進一步提高工作效率。

（二）會議後的客戶回訪

會議經濟要求會後做好客戶的回訪工作，這是建立長遠客戶關係的管理問題。會議結束後不久，與會人員通常還沉浸在會議的美好記憶中，在這個時候與他們進行聯繫和溝通，一般會加深與客戶之間的感情，為建立長期合作關係奠定堅實的基礎。如果在會議後不迅速聯繫客戶、溝通感情，目標客戶就會慢慢失去在會議上所產生的熱情，淡忘了會議舉辦單位，這也意味著會議舉辦單位很可能失去這些目標客戶群，所以，會後及時回訪非常必要，具有重要意義。

（三）會議後的會務總結

對會議舉辦單位來說，表彰有突出貢獻的員工，提高廣大員工的士氣是非常重要的。所以，會後要及時召開會務總結表彰大會，表彰優秀員工，感謝相關人員。表彰的對象除了優秀的員工以外，最為重要的還是會議參加者、重要的支持單位、合作單位以及曾給予大力支持的媒體。對於那些特別重要的客戶，舉辦方的會務人員可以採取親自登門致謝，甚至透過宴請的答謝方式來表示謝意和感激。

　　對會務人員的表彰是鼓舞士氣、以利再戰的最好獎勵方式。這種獎勵不一定要採取發放獎金的方式來進行，更多的應該採取精神獎勵。這樣一來，員工的積極性就有了保障，會務工作的效率就會越來越高。

　　對媒體更應該做好跟蹤服務。對媒體的報導要進行褒獎，對記者的貢獻也要進行適當的獎勵，對媒體和記者的意見和要求要給予充分的重視，與媒體保持良好的合作關係，為下一次更好的合作打下堅實的基礎。

第五章 展覽概述

█第一節 展覽的內涵

一、展覽的定義

「展示」一詞（Display）來源於拉丁語的名詞「Diplico」和動詞「Diplicare」，表示思想、資訊的交流或實物產品的展覽。展覽業常見的術語有展銷會（Fair）、展覽（Exhibition）和博覽會（Exposition）。從《辭海》、《簡明不列顛百科全書》到政府有關部門的統計報告，再到各類書籍報刊，對展覽會的定義也是千差萬別。《辭海》中對展覽會的定義是，「用固定或巡迴方式公開展出農業產品、手工業製品、藝術作品、圖書、圖片以及各種重要實物、標本、模型等供群眾參觀、欣賞的一種臨時性組織」。美國《大百科全書》的定義是，「展覽會是一種具有一定規模、定期在固定場所舉辦的、來自不同地區的有組織的商人聚會」。

因此，展覽會是一種具有一定規模和相對固定的舉辦日期，以展示組織形象或產品為主要形式，以促成參展商和貿易觀眾之間的交流洽談為最終目的的中介性活動。從廣義上講，它可以包括所有形式的展覽；從狹義上講，展覽會可以指貿易和宣傳性質的展覽，包括交易會、貿易洽談會、展銷會、看樣訂貨會、成就展覽等。

從展覽會的內涵來看，主辦單位、參展商、專業觀眾和服務商是構成一般展覽會的四大要素。從圖中可以看出展覽公司、參展商、專業觀眾、服務商與一般觀眾等不同利益主體之間的關係（圖5-1）：第一，對展覽公司而言，參展商是展覽會價值的主要體現，同時也是展覽會收入的主要來源；第二，儘管專業觀眾帶來的直接現金效益較少，但其質量和數量將直接影響參展商對展覽會的滿意度，最終影響展覽會的效益；第三，參展商與專業觀眾相互促進、相互吸引，專業觀眾是參展商參加展覽會獲得收益的最終來源；第四，服務商與展覽公司簽訂合約，並同時為參展商和專業觀眾提供各種服務。

綜上分析看出，展覽會四要素之間既相互帶動又相互限制，任何一方失衡都有可能造成展覽項目的中斷。因此，展覽會主辦單位應當多關注專業觀眾的組織，而不是一味重視參展商的數量。

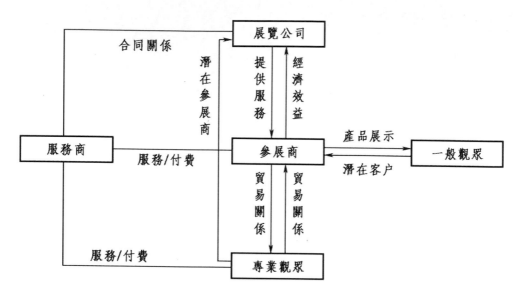

圖 5-1 展覽會四大要素之間的關係

二、展覽場館的結構

結構合理的場館，不僅便於物資的流通和人員的流動，而且能夠在更大程度上滿足各種交流展示的需要。一般來說，廣義的展覽場館包括室內部分和室外部分。室內部分就是通常說的狹義的場館，室外部分則包括室外展場、停車場、綠化面積等組成部分，主要起輔助和補充作用。這裡重點介紹展覽場館的室內部分。展覽場館的整體結構從平面結構上可以分為並行式、環繞式和串聯式；在縱向結構上可以分為單層、雙層及多層等形式。不同結構的場館具有不同的特點（表 5-1）。

表 5-1 不同結構的展覽場館的形式和特點

分類		形式	特點
平面結構	並行式	各個展廳相對獨立,並行布置於主要人流通道的兩側,裝卸貨口位於展廳外側或展廳外側之間, 總體布局呈魚骨狀。	交通流線簡潔明瞭,便於兩側展廳單獨或聯合使用,展廳具有並行特點,尤其適用於規模較大的展覽中心。

分類		形式	特點
平面結構	環繞式	各個展廳環繞布置,中心庭院可作為室外展場或休息區,或設置部分會議餐飲設施,便為所有展廳服務,裝卸貨口設在展廳外側。	整體布局緊湊,人行距離短,但各展廳使用靈活性差,會產生人流干擾,識別性也相對較差。
	串聯式	大多數展廳由於多年的改建和擴建,各展廳順次相連,人流通道位於展廳一側,貨流位於另一側。	加建比較靈活,分期建設對展館的營運影響小;但交通組織比較混亂,人流路線長且重複,當交通路線過長時,需要增加入口和服務設施數量。
縱向結構	單層式	場館內所有展廳只有一層。	避免大量垂直交通的麻煩,貨車可以直接進入,方便布展和撤展,可提供無支撐的高大空間,地面承載力大。
	雙層式	部分展廳為雙層結構。	需要安排多部觀光電梯或自動扶梯,從而方便觀眾流動,參展商布展撤展也需要足夠貨梯。其優勢在於節約用地。
	多層式	部分展廳採用三層或三層以上結構。	需要設置足夠多的扶梯和貨梯,下層空間展廳受柱網限制較大,樓面承載力受侷限,已經很少採用。

三、展覽場館的規模

　　歐洲是世界會展業的發源地。經過數世紀的積累和發展,歐洲會展業整體實力強,規模最大。據德國貿易展覽業協會(AUMA)2003 年統計數據,歐洲有 24 個超過 10 萬平方米的展覽場地,其中,超過 20 萬平方米的有 7 個(表 5-2)。此外,約占世界總量 60% 以上的專業展覽會都在歐洲舉辦。它們在展出規模、參展商數量、國外參展比例、觀眾參觀人數、專業觀眾比例和質量、貿易效果及相關服務質量等方面,均居世界領先地位。還有,絕

大多數世界性大型展覽會和行業頂級展覽會也都在這個地區舉辦。歐洲的德國、義大利、法國和英國都是世界級的會展大國。尤其是德國,更是世界第一號的會展強國,專業性、國際性的展覽會數量最多,規模最大,而且效益又好,實力也強。世界 10 大知名展覽公司中,有 6 個是德國的;世界最大的 4 個展覽中心有 3 個在德國;國際上影響較大的專業性國際貿易展覽會也有 2/3 是在德國舉辦的。

表 5-2 歐洲 10 萬平方米以上的展覽場館（2003 年）

展覽場館名稱	展覽場地（平方米）		展覽場館名稱	展覽場地（平方米）	
	室內面積	室外面積		室內面積	室外面積
德國漢諾威	496 963	58 070	意大利波隆那	150 000	80 000
意大利米蘭	375 000	—	德國紐倫堡	150 000	—
德國法蘭克福	320 551	89 436	瑞士巴塞爾	142 900	11 300
德國科隆	286 000	52 000	西班牙巴塞隆那	141 000	143 230
德國杜塞道夫	234 398	32 500	西班牙馬德里	140 400	30 000
法國巴黎（Expo）	226 011	—	比利時布魯塞爾	114 362	—
西班牙Valencia	220 000	20 675	法國Prosen	113 100	39 400
法國巴黎（Nord）	191 000	—	意大利維洛那	111 097	1 108 000
英國伯明翰	190 000	—	德國埃森	110 000	20 000
荷蘭Utrecht	162 780	120 766	意大利布魯諾	101 900	91 500
德國慕尼黑	160 000	280 000	德國萊比錫	101 200	33 000
德國柏林	160 000	100 000	英國倫敦	100 061	—

資料來源:德國貿易展覽業協會（AUMA）

縱觀會展業在全球的發展情況,不難看出,一個國家的會展業實力和發展水平是與該國綜合經濟實力和發展水平相適應的。發達國家憑藉其在科技、交通、通訊和服務業水平等方面的優勢,在世界會展業發展過程中處於主導地位,占有絕對優勢。

第二節 展覽的分類

一、展覽的內容分類

根據展覽內容的不同，國際博覽會聯盟（UFI）將展覽會分為三類，即綜合性展覽會、專業展覽會和消費展覽會。

綜合性展覽會。綜合性展覽會涉及多個行業，又稱為水平型展覽會或橫向型展覽會，如上海工業博覽會、杭州西湖博覽會等。

專業展覽會。專業展覽會具有鮮明的主題，又稱為垂直型展覽會或縱向型展覽會，主要展出某一行業或同類型的產品，如禮品展、汽車展。專業展覽會的突出特徵是常常同時舉辦討論會、報告會，用以介紹新產品、新技術等。一般來說，專業展的規模小於綜合展，但在展覽業發達的國家，大型綜合展覽基本讓位於專業展。綜合性展覽會和專業展覽會一般都屬於貿易展覽會，是為工業、製造業和商業等產業舉辦的展覽，展覽的主要目的是交流資訊和洽談貿易。

消費展覽會。消費展覽會的「展品」基本上都是消費品，主要對公眾開放，目的主要是直接銷售。

二、展覽的出席者分類

根據展覽會的兩個主要類型，即貿易展覽和消費展覽，可相應地將出席者分為兩類，即貿易展覽的出席者（客商），以及消費者展覽的出席者（顧客或參觀者）。

貿易展出席者具有以下特徵：①一般都是出於業務原因來自外省市；②在大多數情況下，其費用由所在的公司承擔；③通常都有具體的「任務」，即有參觀展會的特殊的目的和目標。他們可能是隨意看看產品或競爭情況，或者是收集詳細的統計資料，甚至有可能只是作為一個「到場者」代表自己公司出席；④貿易展覽的每個出席者都需要預先登記，大多數情況下要付相關費用，並且在展會上要佩戴代表證。

消費展出席者具有以下特徵：①出席展覽是出於娛樂；②可能考慮購買展覽上某一有特色的產品或服務，會對各商家的產品進行比較，徵求展覽經理和參展商的意見，然後去購買。因此，參加消費者展覽的生產商圍繞展會的出席者而展開的競爭，實際上與其他娛樂活動如電影、體育項目、購物等的競爭是一樣的。所以，有效的促銷活動是非常重要的。

三、展覽的營利性分類

現代展覽會根據其目的的不同大致可分為兩大類，即公益性展覽會和商業性展覽會。

公益性展覽會經過策劃、設計、組織布展，在一定的空間裡用各種形式把資訊、物品展現出來，以期達到宣傳、推廣的目的，其最大的特點是展示和資訊交流，不進行貨幣交易。

商業性展覽會組織者透過策劃、組織、招商以出售展臺和服務而獲取利益，參展者則透過參展展示自己的形象與產品，並在展會中獲取市場資訊和購貨訂單合約，達到參展目的。商業性展覽會最大的特點就是在最短的時間和在最小的空間裡，用最少的成本做最大的生意。商業性展覽會又可以根據展覽的內容、展覽的性質、所屬的行業、開放對象以及展覽規模、時間、地點等而有所不同。

四、展覽的參展商分類

展覽活動會吸引為數眾多的參展商，不同參展商往往在自身的性質、參展目的、參展行為等方面存在明顯的差異。根據不同的標準，可將參展商分為不同的類型。

（一）國別類型

對於展覽組織機構和展覽主辦國家來說，根據參展商所屬國別的不同，可以將參展商分為國內參展商和國外參展商（或境外參展商）。國外參展商占所有參展商的比例是衡量和評價一個展覽國際化程度及其影響力的重要指標。隨著各國尤其是發達國家展覽產業的日趨成熟，展覽產業的國際化也逐漸成為各國拓展展覽市場、提升展覽產業影響力的越來越重要的手段。

（二）聯合程度

根據參展商參展聯合程度的不同，可以把參展商劃分為獨立參展商、聯合參展商和團體參展商等。所謂獨立參展商，就是以獨立身分單獨參展的企業、組織或個人。聯合參展商通常是由兩個或兩個以上的參展商組成。這種參展行為一般更適用於中小參展商，由於各種資源的限制，採用聯合參展的形式可以更好地減少投資，降低風險。在一些跨地區或者國際性的大型展覽活動中，很多參展商還可以組成參展團一起參展，這樣有利於增強參展商的競爭力，提高參展的影響力和參展效果。

（三）行業地位

不同的行業和系統都存在一些規模龐大、實力雄厚的龍頭企業或組織，它們在行業內擁有強大的號召力和影響力，通常扮演著行業領導者的角色；另外還有一些處於成長階段、發展潛力強勁的行業趕超型企業；更多的則是那些實力較差、規模相對較小的行業落後企業。展覽活動中行業領導者能夠引領行業發展潮流、展示最新技術、公布權威資訊，這類企業的參展有利於提升展覽的品牌效應，增強展覽活動影響力；行業趕超型以及行業落後企業則可以透過展覽展示自己的經營特色和市場優勢，它們是展覽活動參展主體中的主力軍，對展覽活動的規模構成重要影響。

（四）提供服務

根據展覽提供服務內容的不同，可以將展覽服務提供商主要劃分為以下各類（表 5-3）。

表 5-3 展覽服務提供商的主要分類

主要分類	參展目標
展覽場館提供方	大部分展覽場館的所有權主體比較單一，多數歸政府所有，或歸政府與相關投資者共同所有，委託專業機構進行管理和經營。組展機構對展覽場館完成考察、談判以後，由雙方簽訂租賃合同，於展覽期間交付使用。
資訊服務提供商	展覽過程中的物流、銷售、客户關系等各類資訊的管理，需要專業服務提供商或者其提供的產品給予支持，如電信服務運營商、郵政部門、會展資訊管理軟件開發商等。
媒體、廣告服務提供商	爲了達到相應的組展規模和組展效果，需要借助各種媒體形式，如電視、報紙、互聯網、户外廣告等，是各展覽主體實現會展目標的重要工具和有力保障。
物流服務提供商	負責展覽前後各類展品及輔助用品的運輸、倉儲、保管、包裝、加工以及由於展品銷售而發生的其他物流活動等。
設計、搭建、安裝服務提供商	展廳的設計、搭建、安裝工作，一般可以委託給專業的展位建造工程公司、普通廣告公司或室內裝飾設計師；各項工作也可以捆綁承包給某個承建商。
旅遊服務提供商	主要包括各種酒店、旅館、賓館、旅行社、目的地管理公司 (DMC)以及娛樂場所等，以組織各種類型的宴會、酒會、娛樂節目、景點旅遊等活動。
物業管理服務提供商	場館物業管理機構除了對場館進行管理維護外，同時對周圍環境、清潔衛生、保安、車輛停放等實施專業化管理，並向主辦方、參展商及參觀者提供綜合服務。

五、展覽的地域範圍分類

與會議的劃分一樣，以地域範圍為標準，可以將展覽會分成國際、全國、地區和本地（通常是一個城市）四個層次。其中，國際性展覽會的參展商和觀眾來自多個國家（在展覽業發達國家，著名品牌展覽會的國外參展商所占比例一般都在 40% 以上），如漢諾威工業博覽會、漢諾威資訊技術展覽會和中國出口商品交易會。本地展覽會的規模一般較小，面向的專業觀眾主要是當地及周邊地區的企業或市民，如上海別墅展覽會、房展覽會等。全國性和地區性的展覽會則介乎其間。

六、展覽的功能分類

按照展覽的功能，可以將其分為四類，即觀賞型：各類美術作品展、珍寶展、民俗風情展等；教育型：各類歷史展、宣傳展、成就展等；推廣型：

國家推廣型（由國家主管部門主辦的各類科技、教育成果展、建設成就展等）、商業推廣型（由行業主管部門主辦的新材料、新工藝、新產品等成果展，最終刺激社會消費與招徠訂購）；交易型：展銷會、交易會、洽談會、博覽會等。其中，按照展覽性質的不同，交易型展覽會又分為貿易型和消費型兩種，同時具有這兩種性質的展覽會被稱作綜合性展覽會。在會展經濟不發達的國家，展覽的綜合性傾向比較重；反之，展覽的貿易和消費性質比較重。

七、展覽的手段分類

可將其分成實物展覽會和虛擬展覽會兩類。實物展覽就是在展覽場地直接展出實物產品的展覽，展品是實實在在的實物產品。在展覽的發展過程中，實物展覽一直是展覽的主要形式。虛擬展覽也稱在線展覽，是透過國際互聯網，使用虛擬技術組織的展覽。虛擬展覽沒有真正的場地，沒有展品實物，沒有工作人員，參觀者利用電腦，透過互聯網進入虛擬展覽會，參觀屏幕裡的「展臺」，瞭解屏幕裡的「展品」。

八、展覽的時間分類

根據展覽時間的不同，可以將展覽會劃分為定期展和不定期展。定期的有1年4次、1年2次、1年1次、2年1次等；不定期展視需要而定。或者也可以根據時間將展覽會分為短期展、長期展和常年展等。

九、展覽的地點分類

根據展覽地點是否固定，可分為固定展覽與巡迴展覽。在專用展覽場館舉辦的展覽即為固定展覽。有些展館有室內場館和室外場館之分。室內場館多用於展示常規展品，如紡織展、電子展等；室外場館多用於展示超大超重展品，如航空展、礦山設備展等。在幾個地方輪流舉辦的展覽被稱作巡迴展。比較特殊的是流動展，即利用飛機、輪船、火車、汽車作為展場的展覽。

十、展覽的舉辦模式分類

按照辦展模式，可分為自辦項目和他辦項目，即德國式辦展和美國式辦展。德國式辦展模式是指展覽場地和展覽設施的所有者不僅向專業展覽組織

者出租展覽場地,而且有自己的展覽項目,可以同時是展覽會的主辦者和組織者。美國式辦展模式是指展覽場地的所有者與展覽的組織者截然分開,展覽場地的所有者只出租展覽場地和設施,沒有自己的展覽項目;而展覽的組織者一般沒有自己的展覽場地,辦展時需要從展覽場地的所有者那裡租用展覽場地和相關設施。

▌第三節 展覽的組成

展覽活動主要由七部分人員組成:展覽經理;參展商;場館經理和員工;展會服務承包商;大會和訪問者辦公署;客商及參觀者;合作者。下面僅論述主要的展覽人員。

一、展覽經理

展覽經理可以理解為是這個團隊的指揮者。比起其他的角色,他或她必須更加具有創造能力,以便使展覽會對於參觀者和參展商來說都是獨一無二的、可以獲得利益的。展覽經理的職責範圍包括了以下幾點:確定展覽主題;把其他運作者帶動到一起;與合作者簽訂合約;組織參展商。

對於展覽經理來說,他面臨著來自外部與內部的諸多方面的要求,只有協調好與各方的關係,才能確保展覽活動的順利進行。展覽經理的具體協調內容見表 5-4。

表 5-4 展覽經理的協調關係運作表

協調對象	主要關係
主辦機構	展覽活動的主辦機構可以是政府部門、公司以及社區，主辦機構不同，目的和要求也不同。展覽經理在為其組織舉辦展覽活動時，應搞清楚主辦機構的目的。
主辦社區	主辦社區包括居民，商人，交通管理、消防和救護隊等公共事務主管當局。展覽活動會對主辦社區產生影響，展覽經理應積極協調好和主辦社區的關系。
贊助商	展覽經理應準確地確定贊助商想從所贊助的活動中得到什麼，以及自己能夠提供什麼，並將贊助商當做夥伴來對待。
媒體	媒體報道對展覽活動的宣傳，可向社會提供具有可信性的東西。展覽經理應考慮不同媒體集團的需要，把他們當做活動的重要一員來諮詢當做潛在的夥伴來對待。
合作者	展覽經理需要挑選展會服務承包商、正式的合作者、為展會現場服務工作提供幫助的諮詢員和派遣人員（零工），需要吸引並挑選參展商。
客商及參觀者	展覽經理必須時刻想著客商及參觀者的需要，包括其物質需要，以及對舒適、安全保險的需要。

此後，展覽經理可根據展覽的種類及合作對象的不同而簽訂不同的合約。擬定合約的過程包括五個主要步驟：意向、談判、達成初步協議、同意各個條款、簽字。如果已經有標準的合約樣本，那就只需修改一些特別的條款，整個過程會大大簡化。

展覽經理對於參展商的職責，體現在三個方面，一是根據展覽主題收集潛在客戶名單；二是根據展覽主題確定參展廠商範圍，以避免不必要糾紛，並且隨時與參展商溝通；三是處理好與不合格參展商的關係。對於展覽經理來說，參展商既是顧客，又是合作夥伴。

二、參展商

對於參展商而言，參加展覽是一個低成本的推銷活動。他們可以面對面地向對他們產品有興趣的客戶進行介紹，這比直接派遣銷售人員進行銷售更為便宜和有效。同時，展覽也是獲取知識和資訊的來源。參展商可以透過展覽來瞭解別人的新產品，甚至可以從與會者的對話中獲取哪種新產品或技術應該被開發或研究。

參展商參展的目的在於以下幾個方面：①獲得預期合格的目標購買者；②與購買方進行面對面的接觸；③演示新產品；④獲得產品或是服務的回饋；⑤改善與客戶之間的關係；⑥進行市場調研；⑦對經銷商進行培訓；⑧利用「以活動為中心」的媒介優勢；⑨確認市場方向；⑩形成銷售領先地位；⑪形成有利的宣傳，並克服不利的宣傳；⑫引導產品發展趨勢；⑬解決顧客所關心的問題或者受理投訴。

在參展商開始考慮設計公司展臺之前，應該：①填寫申請表格；②瞭解展覽的規則和規章制度；③確認費用以及付款時間；④明白展覽的場地是否根據產品的類型或是種類來進行劃分，以便決定將展臺置於何處。然後，參展商要考慮的問題將依次是：選擇滿意的攤位→展臺設計→展品裝運→展臺搭建→展臺拆除（表 5-5）。

表 5-5 參展商的展覽設計

設計對象		設計內容的考慮因素
攤位分配		展覽經理往往基於以下因素來考慮展台分配：公司參加展覽的次數；以前的展覽規模；收到申請表格的日期；費用的支付情況；所有參展商數；廣告，等等。因此，展覽會經理可能會通過先來先選、指派、抽籤、預先銷售等幾種方式之一分配攤位。
展台設計	標準式展台	在一直線上有一個或多個標準的單元。最大高度：2.5公尺(8.3英尺)。
	靠牆式展台	標準的靠牆式位於展區外部四周的牆壁處。最大高度：3.6公尺(12英尺)。
	半島式展台	展台由4個及其以上的背對背式的標準單位組成，以單位或多層的方式進行展出，而且往其三邊上各有一條人行走道。最大高度：4.88公尺(16英尺)。
	小島式展台	展台由4個及其以上的標準單元組成，以單層或者多層的方式進行展出，在其四周均有通道。最大高度：4.88公尺(16英尺)。

設計對象		設計內容的考慮因素
展台設計	示範區域	搭建此展覽部分的目的是為了使參展人員和觀眾能夠通過產品介紹或是樣品演示來進行相互交流。這部分區域不能妨礙交通通道，而且任何樣品或是產品演示所用的桌子必須放於至少離通道線0.61公尺(2英尺)的地方。
	塔式展台	獨立的展示部分與展示實體相分離，它的目的只是在於說明和展示。
展品裝運	提前裝船	在展覽之前，把貨物送到正式的運輸承包商或是一般的服務型承包商的倉庫中。
	直接裝船	確定到達展覽地的時間(通常是到達碼頭的時間)，並且按照CWT交付到參展商的展覽地。
	泛線裝船	在展覽前60~90天，由服務承包商提前安排，直接將貨物運送到展館和展示地點。
展台搭建與拆除		一般而言，展台的搭建與拆除工作是由展覽服務承包商負責完成的，但也可由會議組織者或參展商自行搭建與拆除。

三、展館經理

展館（展覽場地）經理的職責主要為：①為所在的展館或會議中心增加收入；②在降低成本的同時提供給顧客高質量的服務；③開拓新業務；④瞭解顧客和員工的需求；⑤保留和管理高水準的員工；⑥吸引高質量的項目和展覽會。這些職責之間的聯繫顯而易見，展館或會議中心經理總是透過一定的方式，在員工的積極配合下，完成自己的職責。

展覽經理在選擇展覽地址時有許多考慮，展館經理也必須瞭解這個進程，以便能夠回答展覽經理所提出的問題。其中一個最重要的問題是適於展示的空間的多少以及空間的布局。所以，展示設計示意圖是一項重要的工作。

四、展館部門員工

展館（會議中心）員工不僅要對所辦的展覽有足夠的瞭解，還要瞭解展館所在的社區。當舉辦地員工試圖「出售」其場地，應該做好充分的準備向顧客解釋為什麼自己所在的展地更適合某一個展覽。比如說，是因為提供的展示空間更便宜，還是因為當地的勞動力價格比較低，或者說是因為有宜人

的氣候，或者說是因為當地社區對這一展覽的關注度高，等等。總之，舉辦地員工必須牢記其展地所具備的競爭力。

各個展館（會議中心）對部門有不同的劃分方法，常見的如行政部、市場營銷部、財會部、人力資源部、項目協調部、工程部、組織部、保安部、內務部等。這些部門的構成以及職責主要見表 5-6。

表 5-6 展館（會議中心）的主要員工

員工類型	主要職責
行政部	總經理負責制定舉辦地和員工的遠景目標以及實現的政策等，副總經理負責監督每天的營運情況並協調其他員工間的關係等工作。
行銷部	說服展覽經理在自己所在的展地舉辦展覽會，最終目的是與展覽經理建立良好的業務關係，以使其成為固定客戶。
財會部	財會部主要負責協調處理展館(會議中心)所有的財務事務。
人力資源部	特別在貿易和消費展覽接近開幕時，員工總是需要臨時的或者大量的幫助。
項目協調部	項目的協調者必須一直和展覽經理保持密切的聯繫，了解展覽會詳細設計安排和日程表。
工程部	工程部的員工對舉辦地的建築負責，他們維護展館內外的建築物，保證展覽會能夠安全順利地進行。
保全部	保全部的員工責任重大，他們要保證所有的與會者和員工的安全。
內務部	內務部員工主要負責清理建築物的垃圾，包括所有的公共場所、地毯、窗戶和休息室。

第四節 展覽的管理

下面以商業展覽會（或稱交易型展覽會）為例，介紹展覽項目管理的主要流程。一個完整的展覽會項目管理大致可分為以下四個階段，即展前策劃、展前準備、展中實施和展後評估。一個展會從策劃開始到最後順利完成，每個階段都需要各部分組成人員分工協作、互相配合。

一、展覽前的策劃階段

（一）展覽項目的論證

　　展覽項目的產生來源於策劃人員長期的積累和創造的靈感。從腦海裡浮現某一特定主題的展覽會場景開始，到展覽會的初步市場分析和財務估算，直到該展覽項目正式立項，這一階段的主要核心工作見表5-7。展覽項目的論證是組織某個展覽要做的第一項工作。展覽項目可分為過去舉辦過的展覽（老展覽）和從未舉辦的展覽（新展覽）。這裡主要討論新展覽項目的論證。

　　表5-7 展覽會項目的論證

項目	內容
行業展覽會分析	首先，對展覽會舉辦地某產業的發展現狀和發展趨勢進行分析，判斷新開發的展覽會是否有發展潛力，為現有展覽會調整發展策略提供依據；其次，對同類展覽會的競爭力進行分析，包括競爭對手的潛在參展商、目標專業觀眾和展覽會規模等，以期明確展覽會定位。
展覽項目構思	解決展覽會的選題和定位問題。只有針對市場策劃優秀的選題，並將策劃創意轉化為精心組織與施工，為參展和專業觀眾搭建理想的交流、交易平台，展覽會才能取得預期的成功。
展覽項目立項	明確展出的內容、時間、場地、展台售價、合作伙伴以及目標客戶等，分析其與自身的能力和辦展目標是否吻合。如果主辦方經過評估認為值得，則需要通過可行性分析對展覽會進行更具體的審核。

（二）展覽項目的單位選擇

　　展前的策劃管理工作還應包括主辦單位、承辦單位的確定及支持單位和合作單位的選擇。

1. 主辦單位

　　西方國家展覽業已高度市場化，主辦單位大多是專業辦展公司，一些工作外包給其他公司做。在中國，一些專業的展覽公司為尋求政府（或者行業協會）的支持，充分利用其對企業的影響力，便主動與其合作，邀請其做主辦單位或與自己共同做主辦單位，但主要工作由專業的展覽公司來做。

2. 支持單位

　　尋求政府主管部門、行業協會、媒體和其他相關單位（如該行業有影響力的企業）的支持。有影響力的支持單位可提升展覽會檔次，提高展覽會影

響力和行業號召力，吸引媒體和大眾廣泛關注，有利於宣傳和新聞炒作，吸引目標企業參展和目標觀眾參觀，可以在較短時期內打造品牌展覽。

3. 合作單位

當地行業權威機構（如行業協會、組展單位的分支機構）、專業展覽公司都可作為候選的合作單位。所確定的合作單位應有豐富的招展組團經驗，能切實有效地開展組團工作，在該行業有較高的信譽和威望，有一定的招展組團經濟基礎，有專人負責該項工作。

（三）參展商對展覽項目的選擇

展覽會是展示企業形象、推廣企業產品、促進產品貿易的舞臺。選擇合適的展覽會，首先，要確定企業的參展目標。參展商可能會同時擁有幾種目標，但在參展之前務必確定主要目標，以便有針對性地制訂具體方案。其次，確定了參展目標後，要慎重選擇即將參加的展會。主要考慮的因素如下。

1. 展會性質

每個展覽會都有不同的性質。按展覽目的分為形象展和商業展；按行業設置分為行業展和綜合展；按觀眾構成分為公眾展和專業展；按貿易方式分為零售展和訂貨展，等等。

2. 展會知名度

展覽會的知名度越高，吸引的參展商和買家也越多，成交的可能性也越大。雖然參展費用較高，但參展效果遠好於不知名的展覽會。如果參加的是新的展覽，則要看組辦者是誰，在行業中的號召力如何。

3. 展覽覆蓋市場

考慮該展覽會是否覆蓋了參展商所需的市場，是否能夠吸引合適的觀眾群，是否與參展商的生產計劃、廣告和促銷活動相吻合，選擇時機是否恰當。

4. 尋找價值展覽

首先從國際展覽聯盟（UFI）成員所主辦的展覽會中尋找有價值的展覽會；其次，可以檢查其他協會成員中是否有舉辦參展商所希望參加的展覽會。

（四）展覽項目的場址選擇

展覽場址的選擇事關展會能否吸引到足夠數量的參展商和觀眾，能否成功舉辦。展覽會在立項選址時需考慮以下因素。

1. 交通是否便利

展覽場館通常都建在交通比較便捷的地點，國際展覽會在選址時應有國際直達航班。便利的交通將方便人員和物資快捷地到達或離開展覽場館。

2. 展館與展會面積

參展商預期需要的展位面積和附加面積、展覽場館可使用面積在很大程度上決定了租用展會所在地哪個展覽場館。展覽場館最好是由較小展廳組成，可以降低場地空置的風險；最好在同一個展覽場館進行，便於參觀和管理。

3. 展覽場館設施

要考慮展品是否對展覽場館的空間有特別要求，如適當的裝修、可利用的儲藏空間、高科技設施設備，以及對燈光、電力等基本條件的要求；展覽場館內或附近最好有會議室、餐廳、銀行、商務中心、廁所等相應配套設施；同時，還要考察展館是否有電話、煤氣、空調、冷熱水、上網設備等。

4. 展覽場地費用

展覽場館不同，租金價格也會有所不同。會展中心收費一般是根據實際使用展場面積或每天使用的淨面積來確定。一些較高檔的會展場所，則以展位價或每天淨面積價計算展會期間的租金，布展和撤展另計。

5. 專業管理技能

展覽場地的準備、貨物的分發和運輸、布展、入關手續、空運證明、開展儀式、演示、燈光和音響控制、當地及海外參展者的接待工作、緊急事故等相關事宜都需要得到及時而嫻熟的處理。舉辦地的專業會議、展覽組織者，展覽中心的承包商，物流人員等都應具備出色的管理與協調才能。

6. 展覽安全條件

展覽場館要提供足夠的安全保障。

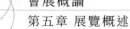

7. 參展目標觀眾

能否有目標觀眾前來參加展覽是一個極其重要的因素。

8. 其他因素

當地是否擁有一定數量和檔次的酒店、旅遊景點，等等。

(五) 展覽項目的市場選擇

展覽策劃者應以專業的展覽服務，贏得買家和賣家的支持和信賴，原則上是應該使 80% 以上的參展商都達到目的，使 70% 以上的參觀者（尤其是客商）都達到參觀的效果為標準。在策劃展覽時，一項重要的內容是根據展覽目標市場進行選擇。對展覽的市場選擇也是對項目市場的選定，這一過程如表 5-8。

表 5-8 展覽項目的市場選擇

主要市場選擇因素	主要內容
展覽市場調查	根據本地區的經濟結構、產業結構、地理位置、交通狀況和展覽設施條件等特點，分析行業市場現狀。
辦展資源的整合	辦展資源包括資金、人力、物力(辦公設備和通訊工具)、訊息資源和社會資源。社會資源是指與該展覽所屬行業的主管部門的關係；與全國及海外合作伙伴、策展組團代理的關係；與各大專業媒體和公眾媒體的關係等。
展覽同行的反應	同行業是否經營同類的展覽項目，特別是本地、本區域，如果有同類項目的話，就須慎重考慮。
展覽時間的選定	原則上要避開國內外同類展覽項目的舉辦時間，避免衝突，特別是該項目的品牌展覽，兩者的舉辦時間起碼要相隔三個月以上。

(六) 展覽項目的參與選擇

展覽會項目擬定時，應該考慮到展覽會的諸多參與者，包括展覽的組織者、買家（觀眾）、賣家（參展商）、展覽場地及設施所有者以及物流公司等。此外，當地政府也在展覽業中扮演著重要的角色。具體見表 5-9。

表 5-9 展覽會的主要參與者

主要參與者	主要目的
組織者	展覽的組織者主要有兩類，一類是專業展覽組織者，另一類是一些協會組織，作用就是尋找足夠量的買家和賣家，並給其提供討價還價和達成交易的場所(展覽場地)。
買家(觀眾)	前來參加展覽會的觀眾，其前來參觀的目的和期望有很多種。
賣家(參展商)	在展覽會上達成交易目標、鞏固客戶關係。
展覽場地及設施的所有者	展覽會組織者如果沒有自己的展覽館，辦展時則需要從展覽場地的所有者那裡租用展覽館和相應設施。
物流公司	展覽會主要有兩類材料需要運送，一類是展覽會宣傳材料，需要在展覽會前運送到銷售代理處；另一類是展品，包括國內展品和國外展品。
仲介媒體	利用宣傳、廣告手段，營造氛圍，形成浩大的市場聲勢，建立起龐大的展覽行銷網路，進行廣泛的市場推廣和招展，最終吸引目標客戶參展。
當地政府	為提高展覽業的服務水平，各地政府都對展覽業提供一定的支持和贊助，很多國家都設有協調和管理展覽業的官方機構，以保障展覽會順利進行。

　　展覽會項目管理者為了讓更多參展商參加展會，可以考慮增加宣傳參展商在展覽會中可以獲取的諸多益處（表 5-10）。

　　表 5-10 參展商在展覽會獲取的益處

項目	主要益處
保持客戶聯繫	展覽會為參展商提供聯繫客戶的機會，使其可以獲得新客戶，處於行業領先地位；保持與現有客戶尤其是忠誠客戶的聯繫；恢復與從前客戶的聯繫。
了解市場需求	展覽會能幫助參展商更好地了解現有客戶和可能客戶的期望；及時獲得客戶對產品線和公司形象的反饋；研究市場競爭，挖掘市場潛力；保持創新。
發布新的產品	展覽會為企業提供了發布新產品、新服務的平台，可以通過實物演示來展示企業的產品與服務，從而促進買家做出購買決策，達成新的交易。
分析競爭態勢	參展商可以在展廳內收集各種有關競爭者的訊息，諸如發放的印刷品、展台的設計等都可以折射出競爭者當前的行業地位以及未來的發展策略。
宣傳銷工具	展覽會可以展出公司的所有產品或服務，建立和鞏固公司與品牌的形象，鞏固公司的公共關係，令媒體產生興趣，對公司及產品進行正面報導。
進行宣傳銷售	展覽會有助於公司縮短銷售進程。在有展覽作鋪墊的情況下，近半數的客戶很快可以和公司達成交易。
積極尋找代理商	通過展覽會有助於企業確定新的代理商和分銷商，招聘新成員，尋找策略合作夥伴，建立項目合作關係。

二、展覽前的準備階段

（一）項目的可行性分析

項目可行性分析是項目管理的關鍵步驟，具體來說包括市場分析、最優方案選定、財務預算等，內容比較龐雜。然而，在商業性展覽活動中，所有的策劃行為都離不開市場，因此對於展覽會策劃而言，項目可行性分析的主要內容是分析某一展覽會市場的結構和前景，並選定最優的項目運作方案。

第一，研究目標市場。展覽項目策劃人員必須掌握產業經濟學和市場學的相關理論與方法，理解某一展覽會所在行業的產業結構，根據現有同類展覽會的定位，確定本展覽會的展品、參展企業以及潛在的專業觀眾。

第二，明確展覽會定位。確定展覽會的發展目標、特色，以及其在同類型展覽會中的競爭地位，以決定參展商與專業觀眾的層次和結構。

第三，成本收益匡算。匡算包括展位費、展位裝飾裝修費、展品運輸費、交通費、食宿費、必需的設備租賃費、廣告宣傳費、資料印刷費、禮品製作費、會議室租賃費等。還要預留總費用的 10%，作為不可預見的支出。之所以對

展覽會的成本和收益進行估算和經濟可行性分析，是為了確認透過舉辦展覽會可以獲取利潤，即使目前不贏利，在連續舉辦幾屆以後也一定會獲利。

第四，擬定初選項目。研究項目的可行性、選擇最優方案和制訂項目運作方案，正式擬定展覽項目，撰寫詳細的可行性研究報告，並將其提交給公司決策層。

第五，撰寫可行性研究報告。展覽項目可行性研究報告包括的內容有：項目簡介、技術性要求、財務預算（包括資金投入、政府撥款、展位銷售收入、贊助和廣告收入等）、展覽會的市場前景與目標市場分析、管理技術和人力資源分析、結論等。

（二）展覽場館的管理模式

展覽場館的管理模式主要有三種，即政府經營、政府與民間合營和民間經營。目前世界上大部分的展覽館經營管理模式是第一種和第二種，而中國主要是由政府經營，民間經營很少（表 5-11）。

表 5-11 展覽場館的管理模式

展覽場館的主要管理模式	特點
政府經營	直接由政府或者隸屬於政府的有關單位投資和經營。
民間經營	民間投資建館，沒有政府的參與，純粹是商業動作。
政府與民間經營	產權屬政府所有，由企業進行商業動作。

（三）展覽項目的主題名稱

項目確定後，展覽主題名稱需要有創意，應抓住行業亮點和市場特點命名。展覽項目的主題名稱通常包括三部分，即基本部分、限定部分和附屬部分。基本部分和限定部分構成展覽會名稱的主體。當基本部分和限定部分構成的展覽會名稱能將展覽會的主要意思表述清楚時，可不使用附屬部分加以說明（表 5-12）。

表 5-12 展覽項目的主題名稱選擇

名稱主題選擇		主要內容
名稱	基本部分	基本部分及展覽會或者展覽會的衍生詞和變體詞,如博覽會、展銷會、交易會等。博覽會是綜合性的、內容較廣、規模較大、參展商和觀眾較多的展覽會;交易會通常以外貿或者地區間貿易為主;展銷會則是以零售為主的展覽,由一個或數個行業參與,規模多為中小型;展覽會一詞主要是指專業展。
	限定部分	限定部分主要是說明展覽會的時間、地點、內容和參展商的來源。如展覽會時間的表示方法可以是年份、年份加季節,或者用屆的方式來表示;地點大都用展覽會所在城市名、省(區)名或國家名表示;展覽會內容指展品的範圍;根據參展商的來源,展覽會可分為國際、國家(全國)、地區和單獨展。
	附屬部分	附屬部分是對基本部分和限定部分的進一步補充,更詳細地說明展覽會舉辦的具體時間、地點等。最常見的是用細體字標明展覽會的具體日期,也有的再加上主承辦單位、合作和贊助單位的名稱。許多展覽會的名稱有縮寫形式,可以單獨使用,如放在全稱之後,可視為附屬部分。
主題		主題要能反映行業的發展走勢,代表行業的發展方向,抓住行業的亮點和市場的特點,主題的策劃要有創新意識。

（四）面向參展商的促銷

吸引足夠數量和質量的企業參展是關乎展覽項目成功與否的關鍵因素之一。為此組展者需要開展針對參展商的促銷。組展者要充分利用各種宣傳廣告手段,營造招展氛圍,形成市場聲勢,並利用各種關係和途徑,尋求有關單位的支持和合作,建立起一個觸點廣泛的展覽營銷網絡,開展聲勢浩大的市場推廣,最終使儘可能多的潛在參展企業報名參展。面向參展商的促銷項目如下。

1. 組展者服務

組展者要為參展商提供優質高效的服務,既包括展覽場館的租賃、廣告宣傳、保安、清潔、展品運輸、展品儲存、展位搭建、觀眾統計分析等專業服務,也包括提供餐飲、旅遊、住宿、交通等相關資訊的配套服務。

2. 參展商名錄

組展者要建立潛在參展商名錄（透過協會、工商行政管理部門、網絡等途徑，可獲得潛在參展商資訊），整理老參展商名錄（每屆結束後及時將本屆的參展商及潛在參展的企業彙總），以便開展針對性營銷。

3. 參展企業營銷

對大多數展覽項目來說，組展者需要對那些猶豫不決者繼續展開營銷，爭取他們參加下一屆的展覽。其實對於那些已參加本屆展覽的參展商來說，最好的營銷是讓他們對本屆展覽滿意，滿意的參展商將繼續參加下一屆的展覽，而且可能帶來新的參展商。

4. 參展企業潛力

發掘潛在的參展企業的方式有三種，一是合作招展和組團，二是透過潛在參展企業比較熟悉的媒體發布展會資訊，三是創品牌展覽項目。

（五）面向觀眾的促銷

企業參展的目的是利用展覽會這個平臺與目標觀眾進行接觸、洽談、交流資訊。作為組展者，能否吸引足夠的目標觀眾事關展覽會的成敗。因此，面向目標觀眾的促銷是非常重要的（表 5-13）。

表 5-13 面向觀眾的主要促銷

營銷項目	主要內容
資料庫	建立重要目標觀眾的資料庫，收集盡可能多的觀眾(目標買家)名錄，會有效地提高面向目標觀眾的營銷工作的效率。
電話	對於特別重要的觀眾，可以直接給他們打電話。
郵寄	對已知地址的重要目標觀眾，可以通過郵寄邀請函的方式。
電子郵件	對於已知E-mail地址的一般目標觀眾，可以通過電子郵件進行目標行銷。
門票	對重要的目標觀眾可以有計劃地發送參觀門票。
網路	讓潛在目標觀眾知道策展者的網站。
公共場所	在機場、車站、碼頭、商業街道和廣場等地點，以戶外廣告(海報、燈箱、廣告牌、宣傳條幅、彩旗等形式)進行廣泛宣傳。
會展現場	現場的布置、開幕式安排、開幕廣告、戶外廣告等，可以吸引會展所在地附近的潛在觀眾。

相關連結

國外展覽公司如何吸納專業客戶群

在國際展覽業中專業化管理和經營的核心是客戶服務。客戶是展覽的上帝和靈魂，也是展覽的支撐和生命。客戶服務的宗旨是客戶至上，服務為本。客戶服務的標誌是精通專業，分工細緻，工作深入，協調一致。客戶服務的重點是對專業客戶群，包括展商和專業買家的邀請和服務。客戶服務的特徵是展商和買家及其他觀眾，在辦展者宣傳、組織和協調下能不斷進行有效互動，這種互動不僅體現在展會期間面對面的交流洽談，而且互動還要貫穿於展會後甚至下屆展會期間，即全時全過程地互動服務。

發達國家和展覽機構都把建立專業客戶支撐體系當做展覽專業化的任務。主要工作包括三方面的內容。一是宣傳推介展覽吸納客戶。專業的展覽公司通常設有專門的宣傳部門，根據公司的展覽發展需要制訂宣傳推介計劃，主要是選擇媒體，利用通訊手段和郵寄等手段進行宣傳和造勢，組織招展團組到各地開展推介活動。大的展覽公司都在國外設立分支機構，如德國的展覽公司共在國外設有 386 個展覽辦事機構，已形成了招展辦展網絡；小的公

司則聯合起來以協會的形式設立國外分支機構,如由 60 個展覽公司參加的法國專業展促進會,已在國外幾十個國家設立了分支機構。

二是做好鞏固老客戶的服務工作。據統計,觀眾透過朋友和同事的介紹和建議方式前來參觀的人數所占比例最大,做好老客戶的服務工作極其重要。通常展覽公司內設有各種專門的客戶服務部門,根據現有客戶不同階段的需求進行全程跟蹤服務,從業務和感情上與客戶建立起比較牢固的關係。

三是發展新客戶。不斷發展新客戶是展覽公司不斷發展壯大的源泉。各公司採取了許多發展客戶的方法,如巴黎展覽中心對參觀的專業人士都必須填寫記有個人詳細情況的登記卡留下名片,並獲得胸卡,管理人員當場就用電腦管理系統建立起客戶檔案,而後參觀者方可花錢購票入場參觀。展會後再依據客戶檔案,將客戶進行分類,由專業部門依類別採取不同的服務方式進行跟蹤服務等,保持與客戶的密切聯繫與交流。由於該中心工作細緻,渠道多樣,方法創新,服務周到,不放過每一個發展客戶的機會,經過幾十年的不斷積累,巴黎展覽中心已在世界各地建立起了較廣闊、龐大和穩定的專業客戶群作為展覽的支撐。

(六)面向展覽的促銷

關於專業展和消費展的主要促銷日程可簡單介紹見表 5-14。

表 5-14 專業展和消費展的主要促銷日程

促銷日程		促銷內容
專業展	距展覽12個月	宣布下一年的展覽日期。
	距展覽9個月	在行業期刊和網站上公布展覽會日期廣告，廣告要持續到展覽開始前1個月左右。
	距展覽5個月	首次向觀眾直郵廣告；向觀眾和潛在的參展商開展展覽促銷活動；設計網上互動的註冊網頁，同時使觀眾可以通過網頁預覽新產品。
	距展覽4個月	第二次向觀眾郵寄廣告。
	距展覽10週	最後一次向觀眾郵寄廣告，第二次向參展商發起攻勢，並發出免費贈券。
	距展覽6週	根據預先註冊統計的結果，開通觀眾電子市場。
	距展覽4週	線上公布展覽日程。
	距展覽2~3週	選擇適當的媒體發布新聞。
	距展覽1週	召開新聞發布會。
	展覽會開幕日	舉辦媒體招待會，慶祝展覽會開幕；宣布下一屆展覽會日期等。
消費展	距展覽20~24週	建立線上形象。
	距展覽12~16週	開始印刷宣傳品；宣布展覽發起人訊息。
	距展覽8週	開展展覽贊助商、展覽演藝人員的電視、電臺採訪活動；向特定區域可能參加展覽的目標觀眾直接郵寄展覽宣傳資料；發布社會團體贊助廣告，廣告持續到展覽開始。
	距展覽4週	在報紙上刊登廣告；向有關報紙發送新聞稿件。
	距展覽2~3週	電視和電子媒體廣告宣傳活動。
	距展覽5天	開始在報紙和電視、電臺直接進行宣傳。
	距展覽2~3天	通過媒體廣告吸引更多的觀眾參加。
	距展覽1天	召開新聞發布會和媒體招待會、剪彩等活動。

（七）面向媒體的促銷

為了擴大展覽會的影響，吸引潛在的企業參展和潛在的觀眾參觀，許多展覽會都利用新聞媒體為自己造勢。媒體宣傳是吸引潛在參展商和觀眾的重要手段。許多組展者在招展時都向參展商說明自己的支持媒體。面向媒體的促銷項目主要有以下幾項。

1. 選擇新聞媒體

組展者應確定專職或者兼職的新聞媒體負責人,媒體負責人需做出選擇媒體的決策。新聞媒體包括大眾媒體和專業媒體,可以是報刊、電視、網路,政府機構也可視為媒體。

2. 提供新聞資料

媒體負責人應積極主動地向媒體提供相關的新聞資料,新聞資料包括新聞稿、專稿、特寫、新聞圖片等,內容可以不必侷限於展覽會。

3. 記者招待會

記者招待會是組展者與媒體建立並發展關係的機會,是將展覽項目廣泛深入地介紹給多個新聞媒體的一種有效方式。

(八)展覽的乘數效應

展覽舉辦期間、展覽舉辦以後會產生一系列的乘數效應。

1. 展館建設期間的存量乘數效應

場館及相關基礎設施建設的每一元錢的直接投資,可成倍地拉動相關的延伸投資,這便是存量乘數效應。具體表現為,與會展有關的基礎設施投資,可以導致城市固定資產投資和國內社會投資增長。為了保障展會的順利進行,主辦城市會在城市的接待能力、交通設施上加大投入,可以帶動建材、裝潢、家電等相關產業增長。

2. 舉辦期間的流量乘數效應

展會舉辦期間展覽產生直接經濟收入的同時,還會產生顯著的流量乘數效應。舉辦期間的流量乘數效應是指,大規模參加會展活動的人群被吸引到同一座城市,為交通、通訊、接待、餐飲、旅遊、金融、廣告等行業帶來了大量的客戶需求,這不僅可以培育新興產業群,而且可以直接或間接帶動一系列相關產業的發展。

3. 舉辦後的後續乘數效應

展覽舉辦後有利於擴大區域市場規模和市場容量,使區域內外市場相連接,進一步促進區域內外的資源、資訊等方面的交流與合作,對區域開放的

規模具有積極影響。同時，透過舉辦展覽，還能促進區域之間知識和觀念的交流，促進區域之間的政府和企業、企業和企業、企業和消費者以及社會各主體之間的溝通。

相關連結

看巴黎車展怎樣辦成全球最成功的車展

2006 年巴黎車展將於 9 月 30 日至 10 月 15 日隆重舉行。屆時，來自 30 多個國家的 350 個汽車品牌將在 18 萬平方米的室內展廳裡，展示最新款式和最具創造性的產品。創於 1898 年的巴黎車展是世界五大車展（巴黎車展、法蘭克福車展、底特律車展、東京車展、日內瓦車展）之一，也是全球最老的汽車展，至今已擁有長達 108 年的展出歷史。巴黎車展最初是由法國汽車俱樂部組織，在巴黎的協和廣場舉辦。幾經發展，如今車展已經移師到現代化的凡爾賽門展覽中心。早期參展的許多品牌已不見蹤影，而保留下來的品牌，如雷諾、標緻、雪鐵龍、米其林等都已家喻戶曉，深入人心。巴黎車展每兩年舉辦一屆。在 2004 年的車展上，有來自 98 個國家的 1.1 萬名記者和146 萬名觀眾前往參觀和採訪，有來自 27 個國家和地區的 432 個品牌的汽車及相關產業產品進行展示，參展的汽車製造商舉行了超過 60 場新車全球首發活動。巴黎車展已成為全球參觀者最多、最受媒體關注的汽車展。巴黎車展的一些運作方法和思路對日益蓬勃興起的中國車展市場提供了有益的借鑑。

在全球範圍內進行推介宣傳。巴黎車展是目前全球五大車展中唯一進行全球推廣活動的車展。2001 年推廣活動正式啟動。最初推介會只在歐洲舉辦，是為 2002 年巴黎車展做宣傳。到 2004 年巴黎車展前，推介會名單上又增加了東京和紐約，而今年車展的推介會將分別在北京、東京、紐約、法蘭克福、米蘭和馬德里 6 個城市召開，北京被放在一系列推介會的第一站，這說明，巴黎車展組委會非常看重中國市場，被中國汽車產業近幾年來的迅猛發展所吸引。

每屆車展都會有新的參展商。2006 年，雷諾在羅馬尼亞的品牌 DACIA 汽車、美國通用旗下的道奇汽車，將首次參加巴黎車展。而長城汽車和江鈴陸風汽車也將代表中國汽車首次在巴黎車展上登臺亮相。據悉，此次長城和

江鈴參加巴黎車展都是主動請纓。赫斯表示，只要是歐洲市場認可的汽車都可以參加巴黎車展，歡迎更多的中國汽車廠商加盟巴黎車展。

對參展商一視同仁。巴黎車展是開放的車展，只要是歐洲接受的車型，無論製造廠商規模大小如何，巴黎車展都會歡迎的。巴黎車展對所有參展商一視同仁，提供相同的服務。例如，其他的幾大車展都會偏向本國的參展企業，而巴黎車展給國外參展商提供充分的自己的空間。像中國的吉利汽車參加底特律車展時，展位是在展館外面的一個偏僻角落裡。此次中國長城和陸風汽車在巴黎車展的展位都在室內，位於凡爾賽門展覽中心 3 號館，是很好的位置。

展覽內容囊括整個汽車產業鏈。巴黎車展的內容囊括了整個汽車產業鏈，不像其他車展主要是以私家車展為主。巴黎車展設有招商用車及專用車展廳（展出面積約占總面積 10%）、汽車電子產品及其他配件專區、運動和競技汽車區、新能源和服務商（汽車金融、保險、租賃等）專區、二手車展區、汽車發展史專區及免費活動專區。每個專區的內容都很精彩，像二手車展示是巴黎車展的傳統項目，車展上的私家車是不能夠直接購買的，但是在二手車專區，觀眾可以隨意挑選自己喜歡的汽車，並且當場開回家。

展館設置細化到汽車產業關聯要素。本屆車展涵蓋了整個汽車產業的關聯產品，展覽不僅劃分出汽車製造、汽車服務、媒體和新能源、導航和車載電子、電子遊戲等，還將開闢私家車製造商展館。據介紹，與 2004 年車展相比，本屆車展為私家車製造商新開闢出一個展館，這使得家用車輛展出面積由 5.5 萬平方米增加到 6.3 萬平方米。此外，在特殊展示區彙集了從法國公共博物館和私人收藏中選出的 60 多輛在歷史上曾紅極一時的汽車，車迷將有幸在此一飽眼福。車展組委會高度關注能源緊張的現實，在新能源展區將突出介紹太陽能，以及由農產品加工而來的新燃料。

將歷史和現代結合起來審視汽車產業。上屆巴黎車展，汽車發展史專區的主題是「汽車和連環畫」，展示了在《丁丁歷險記》等連環畫中出現過的汽車，非常受觀眾的歡迎，今年計劃展出各大汽車博物館及私人收藏的汽車。運動和競技汽車區設有卡丁車和四輪驅動車跑道，賽車發燒友們可以在此一決高下。在免費活動專區，觀眾可以使用微軟公司提供的專用軟體，進入虛

擬的車展現場，體驗不同尋常的感受。另外，組委會還將舉辦最佳模擬駕駛員電子遊戲冠軍賽。

三、展覽中的實施管理

（一）展中項目的實施

關於展覽會項目的規劃與實施，以及最優的項目運作方案的選定，具體內容如下。

1. 進行總體設計

明確展覽會的結構（某種程度上是指目標參展商的類型劃分）、發展定位和預期規模，設計適當的組織機構，策劃展覽會中論壇的主題和框架等內容。

2. 擬定招展計劃

招展計劃書包括展覽會說明及特色介紹、目標市場定位、財務預算、可供採用的市場推廣方法等。

3. 制定招商策略

招商計劃與招展計劃是相輔相成的，其條款內容與招展計劃區別不大，只是兩者面向的對象不一樣。越來越多的國內展覽公司開始把專業觀眾組織放在首位，招商計劃做得很翔實。

4. 編制財務預算

進一步編制財務預算，瞭解一切可能花費的成本和可能獲得的收入，保證展覽會各項資金支出的需要，確保展覽會在未來的某個時候一定會獲利。

5. 執行展覽計劃

主要包括：開展招展招商活動；組織論壇；處理文字宣傳材料的製作等事務；進行現場管理；為參展商和觀眾提供配套服務。

（二）展中項目的管理

展中項目的管理主要包括以下內容：證件辦理、開幕式、現場控制、知識產權保護、展覽安全和突發事件處理、問卷調查和撤展等，具體可見表5-15。

表 5-15 展中項目的管理

項目		主要管理內容
證件辦理		為說明身份，便於管理，組展者需要提前或現場製作一些證件，如貴賓證、嘉賓證、參展商證、參觀證、工作證、記者證、警衛證、車輛通行證、布展證、撤展證等。
開幕式	開幕前準備	為確保開幕式成功舉辦，需要精心做好開幕式的各項準備工作。
	開幕式	在開幕式正式開始前，可奏樂或播放節奏歡快的樂曲。主持人宣布來賓就位後，組展者負責人先致辭，向來賓表示感謝。然後可安排有關政府領導和參展商代表、觀眾代表致辭。
	剪彩	剪彩者是剪彩儀式的主角，一般是上級領導。剪彩的禮儀小姐應衣著得體。
	開幕式結束	開幕式結束後，可引導有關領導和嘉賓到展覽場館參觀。
現場控制	人員進出	參展商、觀眾等所有人員原則上須憑證件進出展覽場館。參展商和組展工作人員比觀眾早半小時入館，進行接待準備。
	展位管理	展會期間，針對參展商可能將展位轉讓或轉租(賣)的情況，組展者通常制定比較嚴格的規定。
	展品管理	所有進館物品須接受保全的安全檢查，原則上展覽期間展品一律「准進不准出」。
	宣傳品管理	參展商只能在本展位派發自己的各種資料，不得在他人展位和通道上派發，也不得在通道上擺放宣傳品和宣傳資料。
	噪音控制	為保證展覽環境的相對安靜和有序，組展者通常會控制展位發出的音量，控制的原則是不對觀眾或其他相鄰的參展商構成干擾。
	成交統計	展會期間，組展者可能要對成交的情況進行統計匯總，參展商每天須在規定時間前填寫《項目成交情況統計表》，並交給策展者。
	境外參展商	境外參展商須遵守舉辦國和舉辦地區的有關法規，按照舉辦國的相關手續規定辦理簽證。
	其他服務	展館內通常設有商務中心，組展者在現場也會設置辦公室或總服務台，隨時為參展商和觀眾提供諮詢服務。

項目		主要管理內容
知識產權保護	展前展中控制	凡涉及商標、專利、版權的展品，參展商必須取得合法權利證書或使用許可合同(以下統稱權利證書)。
	投訴處理	根據需要，策展者可以安排專門機構和人員或者兼職人員負責受理發生在展覽現場的涉嫌侵犯知識產權的投訴。
參展商和觀眾管理		爲不斷提高展覽會的舉辦水平，了解參展商和觀眾對本次策展工作的意見，策展者需要收集一些有關參展商和觀眾的統計資料。
安全和突發事件	展會安全	策展者應制定和實施完善的安全管理制度。策展者和參展商要特別注意展覽開幕後和閉展前這段時間的安全防範工作，所有人員應自覺愛護展覽場館內的各種消防器材和設施。
	展會保險	參展商應對展品或其他貴重物品投保財產責任保險，還應考慮爲參展人員和觀眾分別購買意外保險及第三者責任保險。
	突發事件	對可預見突發事件應盡可能防患於未然；不可預見突發事件處理原則是以人爲本，即事件發生後，在保障人員安全的前提下，盡量減少財產的損失。
撤展		展會結束會，參展商應按時間要求有序撤展，特裝展位由參展商自行撤出展覽場館。展會結束當晚，可通宵撤展。參展商應在規定的結束時間前完成撤展。

（三）展中參展商的主要工作

為了在會展期間出奇制勝，參展商應集中精力重點做好以下方面的工作。

1. 展臺地點的選擇

挑選展臺地點，應瞭解觀眾流動方式以及人潮在整個會場移動的方向。如果展位設在競爭對手的隔壁，參展商就要將展位有效利用，以展示本企業產品優於競爭對手。如果在會展期間需要架高展品以擴大產品的影響度，則需要選擇有足夠高度的地方。

2. 展覽人員的培訓

參展商應對展臺人員進行培訓，使其能夠與觀展者進行積極有效的溝通，瞭解觀展者的真正需求，從而將事先準備好的企業印刷品或小禮品適時發送給潛在客戶。

3. 展臺的創意與裝飾

　　展臺布置要有創意，在採用傳統方式依賴大規模場地展覽的同時，一定要突出創新設計，應選用少量、大幅的展示圖片，以創造出強烈的視覺效果。

相關連結

值得中國借鑑的美國出展管理模式

　　美國是一個經濟大國，也是一個展覽大國。在推動經濟發展過程中，美國政府十分重視利用出國貿易展覽會，作為擴大產品出口的主要工具。第二次世界大戰結束後，美國建立了較為成熟的政府直接干預出展模式，即美國商務部插手貿易展覽會經營管理的方方面面。

　　政府直接干預出展，有利於整合國家資源，實現規模經濟，但是壓制了私營展覽會組織者的發展，降低了出展效率。面對沉重的財政壓力和持續的市場需求，美國政府於 1983 年放棄了直接干預和相應的組展責任和成本，發布了「貿易展覽會認證計劃」（TFCP）。

　　根據 TFCP 中的安排，美國商務部認證對象包括兩個方面：（1）組展單位的資質；（2）組展項目的水平。商務部認證某組展單位是有能力和可信任的，相當於商務部給該單位蓋上了一個「好管家（Good Housekeeping）認可印章」，提供了一種聲譽上的贊助。作為代價，組展單位在獲得認證後，需要向商務部繳納 1 750 美元手續費。

　　美國商務部鼓勵優質的私營組織者申請認證。認證的程序是，在目標貿易展覽會開展前 9 個月，組展單位向商務部提交一份需要回答 23 個問題的申請表，包括組織者組展的歷史紀錄、能夠為參展商提供的後勤服務範圍等。商務部在收到申請後 1 個月內做出答覆。申請認證實行「一展一證」原則，即每組織一個展覽項目就需要申請一次認證。

　　當然，作為美國政府部門，商務部的認證標準反映了美國的國家利益。例如，申請者必須是一家美國的組展單位；申請出展項目的美國展區中產自美國的商品比例不低於 51%，不能主要為他國做嫁衣裳；申請者至少要能夠組織 10 家美國參展商；在組織參展商時，應儘量照顧中小型企業和新參展企業，以擴大出口。

　　TFCP 本身也經歷了一個演變過程。1993 年，商務部發布了改進的認證標準，以適應出展市場的變化。進入新世紀後，商務部開始推行「外國買家計劃」，鼓勵招募外國買家，以配合 TFCP 的實施。經過 20 多年發展，TFCP 已經成了美國出展管理的基本模式。

四、展覽後的評估管理

　　對展覽會進行科學評估的基本目的有兩個：一是為參展商和專業觀眾選擇展覽會提供依據；二是為展覽公司（包括協會等其他類型的展覽會組織者）改進產品和服務以及打造展覽會品牌提供依據。會後的評估管理內容如下。

1. 評估展覽會質量

　　國外已經有許多評價體系值得中國國內相關管理部門和展覽會組織者研究借鑑。為了保證評估結果的客觀公正性，評估的主體應該是中介機構。其中，評價組展效果的重要統計指標包括專業觀眾人數、參展商的數量及代表性、達成的意向成交額、參展商及觀眾滿意度、投入產出比等。

2. 感謝相關利益者

　　主辦單位對相關利益者給予及時感謝將有助於其繼續支持展覽會。相關利益者既包括政府部門領導和演講嘉賓，也包括支持單位、協辦單位、主要參展商和專業觀眾。

3. 媒體跟蹤報導

　　對展覽會進行一個回顧性的報導，將有關情況、有關的統計資料數據如展覽環境、展覽效果等提供給新聞界，進一步擴大展覽會的影響。

4. 改進產品和服務

　　參展商和專業觀眾的意見、投訴及投訴處理情況；展覽會主辦單位或其代理機構所開展的參展商或專業觀眾意見調查；展覽會主辦單位尤其是項目部工作人員的總結報告；當地主流媒體和業內權威專業媒體的評價。

第六章 獎勵旅遊概述

▊第一節 獎勵旅遊的內涵

一、獎勵旅遊的定義

獎勵旅遊管理者協會（SITE：The Society of Incentive & Travel Executives）對獎勵旅遊（Incentive Tour）的定義是：「獎勵旅遊是一種向完成了顯著目標的參與者提供旅遊作為獎勵，從而達到激勵目的的一種現代管理工具。」

從上述定義可以看出，獎勵旅遊是企業為那些做出突出業績的員工（以及經銷商、代理商等）提供一定的旅遊經費，並委託旅行社為其精心設計旅遊活動的一種激勵方式。獎勵旅遊的最終目的應該是塑造企業文化、增加員工對企業的向心力，從而達到激勵員工取得更好業績的效果。

二、獎勵旅遊的形成

獎勵旅遊作為會展的重要組成部分，最早出現在 1906 年，是美國「全國現金出納機公司」給優秀員工提供的一次參觀總部的獎勵旅遊活動。而獎勵旅遊的真正起源是在美國 1920～30 年代，其後在歐美得到了充分的發展，並成為旅遊市場中一個重要的細分市場，其中美國是世界上最大的獎勵旅遊市場。每年參加獎勵旅遊的美國人超過 50 萬人，費用大約為 30 億美元；在法國和德國，公司獎金有一半以上是透過獎勵旅遊支付給職員的；在英國，企業獎金的 2/5 是採取獎勵旅遊方式實現的；在新加坡、韓國、日本等經濟發達的國家，獎勵旅遊作為企業普遍的獎勵方式，也已經使越來越多的出色員工得到了滿意補償。獎勵旅遊中的團體娛樂活動，有助於企業文化建設，給員工和管理者創造一個比較特別的接觸機會，同事們可以在比較放鬆的情景中進行朋友式的交流，從而增強企業的親和力和凝聚力。

獎勵旅遊以其綜合效益高、客人檔次高的特點，引起各大旅遊公司的注意。從市場角度看，美國的獎勵旅遊市場相當成熟，歐洲次之，而亞洲的市

場仍有待發展。目前，亞洲經濟較為發達的國家如日本、韓國、新加坡和中國香港地區的大企業組織的洲內獎勵旅遊，大大推動了亞洲獎勵旅遊的發展（表6-1）。中國目前的獎勵旅遊來源於兩種形態：一是隨著外資企業進入，獎勵旅遊相應地出現在旅遊市場上；二是傳統的行政事業單位、國有企業推行的「療養」政策也開始向獎勵旅遊轉變。

表6-1 香港會議展覽中心獲獎一覽表

年份	評選機構	獲獎名稱	備註
2000	《亞洲獎勵旅遊及會議》雜誌（Incentive & Meetings Asia）	亞洲獎勵旅遊及會議大獎	最佳會議及展覽中心
2000	香港工程師學會、康樂及文化事務署、香港科學館	香港十大傑出工程項目	
2001	香港生產力促進局	香港生產力促進局服務業生產力獎	
2002	英國權威雜誌《會議及獎勵旅遊》（Meetings and Incentive Travel）	2002年會議及獎勵旅遊業大獎	
2002	《亞太會議展覽及獎勵旅遊》雜誌(CEI Asia Pacific)2002年業界調查	亞太區最佳展覽中心	連續第二年被展覽主辦機構推選
2004	《亞太會議展覽及獎勵旅遊》雜誌(CEI Asia Pacific)2004年業界調查	亞太區最佳展覽中心	展覽及會議主辦機構推選
2004	澳洲雜誌《推廣會議及獎勵旅遊》（Convention & Incentive Marketing）	2004年CIM榮譽大獎	同時獲1997年CIM榮譽大獎
2004	第11屆世界旅遊大獎（The 11th World Travel Awards）	亞洲最佳會議中心（Asia's Leading Conference Centre）	連續第三年被全球數十萬家旅遊社推選
2005	《亞太會議展覽及獎勵旅遊》雜誌(CEI Asia Pacific)2005年業界調查	亞太區最受歡迎的展覽中心	展覽及會議主辦機構推選
2006	第17屆TTG旅遊大獎（The 17th TTG Travel Awards）	最佳會議及展覽中心	連續第二年榮膺

資料來源：香港會議展覽中心網站（2006）

三、獎勵旅遊的意義

實施獎勵旅遊的意義在於：①提高總銷售量，增加市場分享率；②增強士氣，鼓足幹勁，提高僱員的生產效率和工作效益；③銷售新產品；④介紹新產品；⑤銷售滯銷產品；⑥抵消競爭性的促銷；⑦支持淡季銷售；⑧幫助銷售培訓；⑨取得更多商店陳列品，支持客戶促銷；⑩減少事故發生率；⑪改進出勤率，等等。

相關連結

獎勵旅遊——長效激勵維他命

獎勵旅遊與其說是單純的觀光休閒，還不如視為激勵員工工作熱情的維他命。企業通常會透過專業性的機構，在旅途中穿插主題晚宴，以及「驚喜」、「感動」的企業文化創意活動，傳達企業對員工或經銷商的感謝與關懷，讓每一位參與者都享受一回 VIP 體驗，成為其生命中的經典之旅，增強企業的凝聚力。

花旗銀行在新加坡開獎勵年會的時候，為了給「Top 10」業務員驚喜，祕密邀請受獎人的家人來到新加坡。當主持人邀請坐在臺下的員工家屬同享榮譽的一刻，這個特別設計的環節令受到獎勵的員工倍感驕傲。

思立國際在新達城舉辦的直銷商年會，特別在新達城外牆上打出該公司 logo 及新產品介紹，讓員工感到十分光榮。百內爾公司則是直接包下整條老巴剎美食街盡情大啖。

目前美國有超過一半的公司，採用獎勵旅遊的方法來激勵員工，而在英、法、德國，四至六成的獎金是透過獎勵旅遊支付給員工，臺灣的企業則是由外商在 10 年前帶入獎勵旅遊風氣。除了保險業及直銷業之外，製藥、通訊與高科技產業，都開始運用這種方法融合團隊和建立企業文化，給員工帶來更多榮譽感、歸宿感等精神層面的激勵。

四、獎勵旅遊的特點

獎勵旅遊在內涵和外延上體現出以下一些共同點（表 6-2）。

表 6-2 獎勵旅遊的主要特點

項目	特點
精神獎勵	在物質獎勵邊際效用遞減的情況下,企業為了保持和提高職員的工作效率和積極性,轉而依靠精神手段滿足職員的社會需求和人性要求。
績效標準	當達到預先設定的績效標準時,企業就會通過市場上旅遊接待組織將其獎勵旅遊計劃付諸實施。
福利性質	獎勵旅遊在性質上是一種帶薪的、免費的、休閒的獎勵方式,整個活動的費用由企業為參加獎勵旅遊的優秀職員進行全額支付。
長效激勵	良性循環的獎勵旅遊會使職員產生強烈的期待感,這種期待會成為持久激勵職員業績增長的無形動力,從而延長獎勵對職員的刺激效用。
管理手段	通過組織外出旅遊加強企業的團隊建設,強化企業的經營理念,以此凝聚企業的向心立,提高企業生產率,塑造企業文化。
旅行遊覽	獎勵旅遊的目的是激發職員的進取精神,這一目的是通過旅行遊覽的方式實現的。

相關連結

年終會議獎勵旅遊正當時

如果你正打算組織年終會獎勵旅遊,有以下幾個方案不妨參考一下:

一、會議＋溫泉。開完會泡泡溫泉,許多會議組織者對於這樣省心省力的安排非常中意。事業單位的年終總結、一些企業的小型會議,都偏好此類選擇。因為泡溫泉可以安排在晚上,所以既不影響白天的會議,也不會讓大家晚上閒著沒事做。

二、會議＋拓展。拓展旅遊在年終會議旅遊中成為一枝奇葩。選擇拓展的會議旅遊行程,能讓企業領導者達到訓練團隊作戰力的目的。選擇此類線路的企業大多面對市場,需要員工有較強拓展力、堅忍度,如營銷行業、廣告公司等。拓展會議兩日遊,可以增強團隊成員間的相互信任與團結。第一天上午抵達舉行會議,晚上舉辦團隊聚會,增進團隊之間、人與人之間的溝通與交流;第二天早餐後,開始進行緊張刺激的拓展活動,團隊成員可以透過團隊型拓展項目的體驗,營造團隊中人與人之間的融洽氛圍並激勵士氣。

三、會議＋滑雪。在冰隙與岩石間跳躍，自由滑雪者在雪的世界裡盡顯完美的滑雪技藝，追逐風兒，感受速度的激情……作為企業領導者，最希望的是團隊充滿活力，富有集體精神，所以，可以選擇動感型的會獎旅遊。選擇這條線路，從業者大多是好動的年輕人，如 IT 企業，職業性質比較「靜」，工作時大多時間坐在電腦前，一板一眼，員工需要這種動感的放鬆，並在放鬆中凝聚集體力量。滑雪會議兩日遊，更多地讓白領們享受生活。第一天上午抵達舉行會議，晚上可以在溫泉度假村泡溫泉。第二天早餐後，員工們可放鬆一下，到滑雪場享受疾速滑雪的樂趣！

五、獎勵旅遊的形式

根據國際權威機構的調查，國內團體旅遊、國內散客旅遊、特色活動、國際豪華遊船、旅遊券成為最受人歡迎的前五位獎勵旅遊方式（表 6-3）。

表 6-3 獎勵旅遊的類別及受歡迎程度

排名	獎勵旅遊類別	受歡迎程度(%)
1	國內團體旅遊	39
2	國內散客旅遊	36
3	特色活動	36
4	國際豪華遊輪	24
5	旅遊券	21
6	海外團旅遊	21
7	海外散客旅遊	15

資料來源：金輝. 會展概論〔M〕.上海：上海人民出版社，2004.

99% 的獎勵旅遊是以團隊形式出行的，而且團隊規模較大。但在國際上，由於雙薪家庭十分普遍，因而通常很難設計出一種夫婦雙方可以共享的獎勵旅遊方案。獲獎者參加的團隊旅行，他（她）的配偶或家人常會因為時間的衝突、工作的緣故乃至家務的纏身而無法參加。在這種情況下。獎勵旅遊中的個體旅遊獎勵正在逐漸增多。使用這個體旅遊獎勵方案，可使獲獎的僱員

自己決定在何時出行，也可讓僱主根據工作情況分別安排受僱員旅遊，因而不會造成因受獎僱員同時出遊而影響工作的局面。

相關連結

新加坡量身定做獎勵旅遊

　　世界範圍內「獎勵旅遊」的熱潮方興未艾，而新加坡則憑藉其獨有的多元文化以及眾多具世界級水準的娛樂與休閒設施，配合官方的鼎力支持和優秀的協調能力，把最優資源有效地調動起來，為商旅客人量身打造各種活動，因此該國多年來一直是眾多世界 500 強公司舉行會議與獎勵旅遊的首選地點。

　　為了將獎勵旅遊搞得更加圓滿，新加坡旅遊局設有專門的獎勵旅遊部門，他們的工作人員可以為獎勵旅遊的實施提供各種客觀的資訊、建議、幫助和協調，以確保各種活動的順利進行。有關部門還可以根據客戶的需要量身打造各種充滿創意的活動，讓每個公司的員工都能享受到有自己公司特色的獨一無二的體驗。同時，新加坡擁有一批專業的從事獎勵旅遊服務的目的地管理公司，能夠承擔從策劃到組團旅行的所有業務，憑藉其專業經驗，為不同規模的公司提供新穎周到的獎勵旅遊服務。新加坡旅遊局和旅行社密切合作，竭力為遊客提供難忘的旅遊體驗。為了使阿斯利康中國製藥有限公司千人團能夠在新加坡擁有難以忘懷的經歷，新加坡旅遊局特別邀請了著名新加坡歌手阿杜為他們的晚宴表演助興，當晚的新達城充滿了歡聲笑語，高潮迭起；同時為了讓這個千人團充分享受購物的樂趣，新加坡旅遊局還聯繫了環球免稅店 DFS Galleria，專門把其中一天的營業時間延長到晚上 11 點半，單獨為這個千人團開放。

　　據瞭解，為使獎勵旅遊再上一層樓，新加坡旅遊局適時推出了「商界精英會聚新加坡」獎勵旅遊計劃特別優惠，只要客戶公司獎勵旅遊團的人數乘以在新加坡停留夜數超過 150，並在當地連續停留兩個晚上以上，即符合申請資格。對於此種獎勵旅遊團，新加坡旅遊局除了提供一部分財政支援外，還提供邀請特別來賓、安排專用會場、設立機場歡迎標誌以及其他各種非財政協助。

第二節 獎勵旅遊的組成

一、獎勵旅遊的市場特點

　　世界各大公司和知名企業為獎勵本企業的優秀職員而組織集體外出旅遊，因其參與者層次高、人數多、旅行時間長、收益可觀而日益受到各旅遊國的重視。在目前的各種旅遊方式中，獎勵旅遊擁有其他旅遊方式無可比擬的市場空間，因此這一市場成為世界各國旅遊目的地和供應商的必爭之地。一些地方政府和旅遊企業也開始重視這個市場，並主動地尋求機會開發獎勵旅遊市場。獎勵旅遊形成了以下主要的市場特點（表6-4）。

表 6-4 獎勵旅遊的市場特點

市場特點	內　　容
高端性	獎勵旅遊劃歸為高端性是相對於大眾旅遊而言的，主要體現在，顧客要求高；服務質量高；收入回報高。
獨特性	企業將獎勵旅遊的活動安排交由專業機構來運作，要求他們為企業量身定做具體的獎勵旅遊計劃。
嚴格性	獎勵旅遊對目的地的住宿、餐飲、會議設施、景色、服務水準等方面的總體要求是很嚴格的
非傳統性	獎勵旅遊與傳統旅遊的差別在於，它是一種管理手段和激勵措施，真正目的是激發員工的積極性，凝聚員工的向心力，最終提高企業的經營業績，促進企業良性健康的發展。
非公費性	獎勵旅遊有別於傳統的公費旅遊之處在於，獎勵旅遊的參與者是根據員工和相關銷售商對企業所做貢獻來確定的，在實行獎勵旅遊的過程中具有很高的透明度。

二、獎勵旅遊的宏觀市場

　　獎勵旅遊策劃者和組織者要把獎勵旅遊的產品很快地銷售給它的最終客戶，關鍵就在於必須瞭解獎勵旅遊客戶的需求。獎勵旅遊市場構成情況因地而異，不會千篇一律，所以獎勵旅遊經營商應該對本國、本地區的客源市場做好調查研究和分析，透過獎勵旅遊策劃者和組織者把獎勵旅遊的產品銷售給最終使用者。獎勵旅遊市場是會展行業中的一個細分市場，根據權威機構

的調查，最愛使用獎勵旅遊的是保險、汽車、電器、辦公用品等行業，可以從美國排在前 10 位的獎勵旅遊行業中看出獎勵旅遊市場的需求（表 6-5）。

表 6-5 美國獎勵旅遊前 10 位排名

排名	行業	平均獎金數(美元)
1	保險業	342.9
2	汽車零配件業	202.2
3	電器、收音機、電視機業	189.5
4	汽車和卡車業	149.8
5	取暖器和空調機業	123.3
6	農場設備業	108.6
7	辦公設備業	101.6

排名	行業	平均獎金數(美元)
8	器具器材業	78
9	建築業	75.5
10	化妝用品業	66.7

資料來源：SITE（2004）

（一）市場需求方的獎勵旅遊客源地

旅遊客源地代表了對旅遊產品的需求，並能夠向旅遊目的地提供一定數量的旅遊者。具體到獎勵旅遊的客源地，就是能產生一定現實與潛在的獎勵旅遊者和具備相當的經濟實力，並能持續不斷地將獎勵旅遊者輸送到接待地的地區。

獎勵旅遊客源地的形成，必須具備較為發達的社會經濟、實力較強的眾多企業、新的經營管理理念、旅遊活動在人們生活中所占的比重較大等要素。這些要素綜合起來將決定獎勵旅遊客源地的需求規模和需求類型。在眾多要素中，經濟實力強勁的企業將是獎勵旅遊市場形成的主體和最重要因素。

（二）市場供給方的獎勵旅遊目的地

　　獎勵旅遊目的地一般來說要對獎勵旅遊者具有一定的吸引力，能夠滿足獎勵旅遊者的終極需求。世界上主要的獎勵旅遊目的地通常具有或環境優美、或文化深厚、或服務水平高、或接待設施完善等特點，大都分布在風光優美的沿海地區、交通便利的山區、歷史悠久的名城古鎮、現代氣息濃郁的大都市，例如地中海沿岸、北歐地區、南部非洲、東南亞地區、加勒比海地區、南美洲沿海和山區、北美洲等的各國首都和著名城市。就中國周邊國家來說，獎勵旅遊一般選擇在新加坡、馬來西亞、泰國、印度尼西亞、韓國、日本和澳大利亞等地。中國國內能成為獎勵旅遊目的地的有香港、澳門特別行政區和一些優秀旅遊城市及著名旅遊風景區，如北京、上海、西安、桂林、杭州、昆明等城市和九寨溝、黃山、廬山、黃龍、泰山等世界文化或自然遺產區。從基本條件來看，旅遊吸引物、旅遊服務、旅遊設施以及旅遊可進入性構成了獎勵旅遊目的地的四個基本要素。

　　獎勵旅遊目的地的選擇的因素很多，排在前 8 位的因素可見下表（表 6-6）。

表 6-6 獎勵旅遊目的地的選擇因素

主要選擇因素	獎勵旅遊份額(%)
有否像高爾夫、游泳池、網球場等這樣的娛樂設施	72
氣候	67
觀光遊覽文化和其他娛樂消遣景點	62

主要選擇因素	獎勵旅遊份額(%)
地理位置和大眾形象	60
有否旅館或其他適合舉行會議的設施	49
交通費用	47
來往目的地交通難易程度	44
獎勵旅遊者到目的地的距離	22

資料來源：金輝 . 會展概論 . 上海：上海人民出版社，2004.

就目的地國家而言,法國、英國、德國、美國、蘇格蘭、西班牙、愛爾蘭、義大利等國家非常受歡迎(表 6-7)。

表 6-7 歐洲理想的獎勵旅遊目的地(1996)

目的地國家和地區	獎勵旅遊份額(%)
法國	57
英國	55
德國	46
美國	42
蘇格蘭	39
西班牙	38
加勒比海	37
遠東	36
歐洲其他國家	31
愛爾蘭	27
義大利	26

資料來源:金輝.會展概論.上海:上海人民出版社,2004.

就城市而言,夏威夷、拉斯維加斯、倫敦、巴黎、維也納、羅馬、柏林、舊金山、聖迭戈、新奧爾良、愛丁堡、阿姆斯特丹、馬德里、北京、中國香港、東京等重要城市都是理想的目的地。權威機構曾經對歐洲主要獎勵旅遊目的地進行過評分,最終排在前 5 位的是倫敦、巴黎、維也納、羅馬和法國裡維埃拉(表 6-8)。

表 6-8 歐洲獎勵旅遊目的地評分(1996)

歐洲獎勵旅遊目的地	評分
倫敦	7.5
巴黎	7.2
維也納	7.2
羅馬	7.0
法國蔚藍海岸	6.9
威尼斯	6.8
瑞士	6.6
雅典和希臘島	6.6
巴塞隆納	6.5

資料來源：金輝. 會展概論. 上海：上海人民出版社，2004.

　　就地理區位而言，北美、歐洲和遠東仍是世界獎勵旅遊的主要目的地，澳洲、東歐、加勒比海地區具有潛在優勢。

三、獎勵旅遊的微觀市場

　　獎勵旅遊有別於傳統旅遊的一大特點是旅遊活動由企業自發組織，出行費用由企業來承擔，因此，研究獎勵旅遊客源地的形成，必將反映企業的行為。對企業行為的分析是從微觀的角度來探尋獎勵旅遊市場形成與發展的內在規律。在獎勵旅遊市場上的企業分為供需兩方，一方是提出獎勵旅遊需求的營利性和非營利性組織，在這裡我們僅對營利性組織即工商企業做分析；另一方是為獎勵旅遊市場提供服務的旅遊企業和相關支持機構，這裡主要對旅遊企業進行分析。獎勵旅遊市場的存在與發展離不開市場環境下供求雙方的相互作用，如果失去需求方或供給方的支撐，獎勵旅遊市場就不可能發展和繁榮起來。

（一）市場需求方的工商企業

　　作為以利潤最大化為最終目標的工商企業，在激烈的市場競爭中根據企業激勵理論的發展和對人性的認識而不斷改進其激勵政策，激發企業員工的積極性以獲取市場上的競爭優勢。企業的人力資源管理政策和實踐一般會帶

來個人績效和組織績效的同時提升。日常的激勵措施以浮動工資、技能工資、目標管理、員工參與為多，但在一些大型企業中，股票期權、員工持股和靈活福利也成為現代企業普遍採用的有效措施。在西方國家，旅遊已成為人們日常生活中必不可少的內容，同時，因為帶薪休假制度的建立某種程度上可以避免一定的稅負，而團體旅遊活動本身具有交流與合作的特點，獎勵旅遊逐步成為企業樂於實行的獎勵政策和福利內容。

（二）市場接待方的旅遊企業

旅遊企業是一個範圍比較廣的概念，它包括為旅遊者的吃、住、行、遊、購、娛提供直接服務的組織和機構，通常我們講的旅遊企業主要是指旅行社、旅遊酒店和旅遊交通。雖然這些企業歸屬不同的行業，有不同的經營特點，但在為旅遊者提供服務方面表現出高度的協調性和合作性，特別是在為服務質量要求極高的獎勵旅遊者服務時尤其如此。

開發獎勵旅遊市場能為旅遊企業帶來高額的回報。據國際獎勵旅行協會（SITE）研究報告所示，一個獎勵旅遊團的平均人數是 110 人，而每一個客人的平均消費（僅指地面消費，不包括國際旅行費用）是 3000 美元。一個考察活動結束後，客戶在未來 12 個月的時間內回頭諮詢回饋的比率是 80%，其中有效比率（即實際成團的比率）為 15% ～ 20%。但獎勵旅遊的高回報、高要求和高專業性必然決定它擁有高門檻，也就是說，不是每一個旅遊企業都有能力進入這一高端市場進行生產經營和市場開發的。獎勵旅遊的高端性也導致這一市場的容量不是很大，不像傳統旅遊可以大眾化，它只能限定在一定的範圍之內，而且對旅遊企業也有嚴格的要求，不僅要求提供旅行、食宿等方面的優質服務，還要求有良好的信譽、極佳的口碑和成功的案例。

相關連結

土耳其，會議與獎勵旅遊的理想國家

首選之地：伊斯坦布爾。拿破崙稱其為「世界的中心」，他是對的！無論你來自東方或西方，北方或南方，都可輕鬆到達伊斯坦布爾。每天，都有

直達航班，將來自紐約、開普敦、北京及其他主要城市的訪客送至伊斯坦布爾。從歐洲、中東、北非乘飛機只需幾小時便可到達。土耳其航空公司，標著土耳其國旗，擁有廣闊的航線和世界先進的航空港。伊斯坦布爾的兩大國際航空港擁有現代化新式航站及設施。在這裡，每天進出港的航班超過250架次，每年接待超過150萬的來往旅客。伊斯坦布爾複雜而精細的城市運輸網包括新地下、地面地鐵列車，巴士及現代化的輕軌電車，快速藝術級雙體船，浪漫的傳統擺渡船和25 000臺環保燃料出租車。該系統能保證當地人和遊客快捷舒適地穿梭於城市中。

著名酒店：任你選。伊斯坦布爾有超過兩萬的賓館房間，其中的7 000間堪稱五星。它們皆隸屬於最負盛名的國際大飯店：康拉得（Conard），四季，希爾頓，洲際酒店，假日酒店，Marriott，Ritz-Carlton，凱賓斯基和瑞士酒店。其他的飯店由土耳其飯店公司經營。由於這些飯店的專業服務，土耳其已躋身於世界前20名旅遊對象國之列。除了眾多豪華飯店的會議設施，伊斯坦布爾還有一個新的會議場所——伊斯坦布爾會展中心。該中心擁有最先進的視聽設施，容納6 000人的21個大廳和會議室，其中主禮堂可容納2 000人。

菜系：美味。用餐時，代表們可以品嚐到美味可口的土耳其菜。土式烹飪是與中國菜、法國菜齊名的世界三大菜系之一。會議後，代表們可以盡情享受世界最偉大的城市之一——伊斯坦布爾。她曾是拜占庭和奧斯曼帝國的首都，蘇丹們在這塊土地上生活了許多世紀。這裡高聳入雲的清真寺宣禮塔，鍍金的宮殿，承載著8 000年文明之珍寶的博物館，迎接著每位訪客。

異國風情禮品：琳瑯滿目。說到購物，最著名的要數大集市（Kapali Carsi）。這是一座迷人的中世紀購物場所，4000家商舖分布在65條街道上。您可以買到銅器，黃銅器，藝術彩繪瓷磚，別緻的皮革，木製裝飾，閃閃發光的首飾和珍貴的古董。在伊斯坦布爾您不僅可以感受到古老文明的衝擊，而且在城市之中還有現代化的運動——高爾夫球來充實您的休閒生活，有9洞或者18洞的地形供您選擇。同時，伊斯坦布爾並不是唯一的擁有高級會議場所和高爾夫球場的地方。您還可以考慮地中海旅遊勝地——安塔利亞和愛琴海城市——伊茲密爾。

安塔利亞：地中海天堂。安塔利亞擁有大型現代化機場設施，飛往土耳其國內、歐洲和中東的航班，設施齊全、提供各種服務的五星級賓館。安塔利亞擁有 31 家五星級賓館和各種會議中心。最大的廳可容納 2400 人。除了好的博物館，美麗的公園，可供散步的碼頭，安塔利亞還是一處海濱休閒，遊訪古蹟的好去處：佩爾格高大的羅馬門；阿斯潘多斯保存完好的羅馬劇場；西代，安東尼與克利奧帕特拉曾浪漫幽會的美麗沙灘；還有光泰爾邁索斯，修築於陡峭險峻高山上的建築。提起安塔利亞的高爾夫運動，土耳其的第一家國際水平的高爾夫俱樂部就位於地中海沿岸離安塔利亞東 40 分鐘車程的地方。這裡松樹和八角樹綠樹成蔭，氣候宜人。球場擁有 18 洞，6 109 米的光滑草地，具有舉辦錦標賽的高水準。另一個安塔利亞的高爾夫球場，擁有高爾夫球迷都稱讚的一點：它的沙地，地形和水窪，都彷彿自然形成。提到人工因素，就是 27 洞的球場上有特別設計的能夠存儲水的掩體。總之，這裡的球場環境都儘量符合於地中海地形，充滿驚奇。

　　伊茲密爾：愛琴海明珠。伊茲密爾，土耳其第三大城市，是您另一個相聚勝所。她的海景，溫和的地中海氣候，以及歐洲氛圍，使得這個土耳其的「海濱城市」成為聚會的最佳之處。伊茲密爾處於愛琴海沿岸中部，非常利於會議前後的短途旅遊。《聖經》上所提到的著名的古城以弗所（Efes），崇高的貝爾加（Bergama），國際旅遊勝地博德魯姆（Bodrum）和世界文化與自然雙重遺產棉花堡（Pamukkale）的礦物溫泉 SPA，您皆觸手可及。

　　（資料來源：蔡文琪．土耳其——會議與獎勵旅遊的理想國家）

第三節 獎勵旅遊的管理

一、獎勵旅遊的策劃

　　獎勵旅遊的策劃可以從制定獎勵目標開始，只有制定了具體的獎勵目標，才能確定獎勵旅遊的人數和規模，才能最後選擇是由公司組織旅遊還是委託目的地管理公司（DMC）來組織旅遊。

　　（一）公司組織獎勵旅遊的步驟

（1）公司確定獎勵的規模，也就是說在某一時期公司準備拿出多少資金來做獎勵旅遊活動。

（2）根據公司確定的獎勵旅遊規模來進一步制定獎勵目標，只有實現目標的員工才能有資格參加獎勵旅遊活動。

（3）選擇獎勵旅遊目的地，既要考慮成本因素，又要考慮員工的偏好；既要考慮時間因素，又要考慮安全因素。

（4）確定旅遊時間和具體負責人，時間確定要合理，人員安排要得力。

（5）實施獎勵旅遊計劃。

（二）委託目的地管理公司（DMC）組織獎勵旅遊的步驟

（1）公司確定獎勵的規模，也就是說在某一時期公司準備拿出多少資金來做獎勵旅遊活動。

（2）根據公司確定的獎勵旅遊規模來進一步制定獎勵目標，只有實現目標的員工才能有資格參加獎勵旅遊活動。

（3）選擇獎勵旅遊目的地，既要考慮成本因素，又要考慮員工的偏好；既要考慮時間因素，又要考慮安全因素。

（4）尋找理想的目的地管理公司（DMC），成本和信譽是選擇的主要標準．

（5）委託目的地管理公司（DMC）實施獎勵旅遊計劃。

二、獎勵旅遊的控制

國際上的專業獎勵旅遊公司非常重視幫助獎勵旅遊的使用公司進行獎勵旅遊的完整策劃，從而使獎勵旅遊的使用公司能透過整個活動達到激勵員工的預期目的，從而產生經濟效益。不管由誰來策劃和組織獎勵旅遊活動，都要注意以下一些主要問題（表6-9）。

表 6-9 獎勵旅遊策劃中應注意控制的問題

控制因素	注意的問題內容
預算充足	沒有充足的資金分配給獎勵旅遊活動的前期宣傳工作和所要組織的獎勵旅遊活動,那結果可能令人非常失望。
制定目標	策劃獎勵旅遊先要為雇員、經銷商和客戶制定一個奮鬥目標,只有達標的人才有資格參加獎勵旅遊。
責任到人	獎勵旅遊使用公司要落實專人負責活動,獎勵旅遊公司也應該指定專門的財務管理人員,同獎勵旅遊使用公司專門負責獎勵旅遊的工作人員一起工作。
期限要短	獎勵旅遊活動的持續期限是指獎勵旅遊活動的宣布開始,包括雇員、經銷商或客戶為爭取參加獎勵旅遊所需要的達標時間。其中,短期獎勵旅遊活動最為有效。
專業銷售	活動的成功取決於經常的溝通,仔細地選擇時機,激勵技術、管理和行銷部門全體成員,以贏得他們的支持和熱情。因此,獎勵計劃的專業溝通和促銷是至關重要的。
選時正確	獎勵旅遊的時間安排不應使獎勵旅遊使用公司的正常經營活動感到過分的緊張。此外,時機的選擇既要利用淡季價格,又要考慮到參與者的意願。
選址精心	精心選擇吸引人並且與眾不同的目的地。旅行目的地必須迎合參與者的興趣,在選址前,有必要在參與者中間先進行一次調研。
貴賓禮遇	獎勵旅遊應該讓企業員工、經銷商或客戶在旅遊時,享受到溫馨的服務和貴賓的禮遇。例如,航班上要有為獎勵旅遊團特製的菜單,飯店客房桌上要放著印有燙金的客人名字的信封和信紙,等等。
參與經歷	不管是主題晚會、專題研討會,還是歡迎宴會、惜別晚宴等,要注意通過主題活動的巧妙策劃和各項活動的精心安排,使參與者留下特有的難忘的經歷。

三、獎勵旅遊的經營

(一)獎勵旅遊經營的影響因素

　　獎勵旅遊的經營成敗取決於多種因素,但關鍵因素有五方面:一是要具備極強的創新能力,二是要適應市場的變化,三是要有專業知識,四是要有效地控制推銷,五是要與航空公司和酒店建立良好的合作關係(表 6-10)。

　　表 6-10 獎勵旅遊經營機構成功的主要因素

主要因素	相關內容
創造力	獎勵旅遊機構的策劃人員和市場行銷專業人員只有發揮想像力與創造力，才能制定出一種真正可以激勵企業雇員和客戶取得優異成績的獎勵旅遊活動方案。
變革力	市場是千變萬化的，作為獎勵旅遊經營機構，不僅要適應市場的這一變化，而且還要掌握市場發展的動向，將不利的因素轉變為有利的因素。
知識力	獲得獎勵旅遊的專業知識非常關鍵。獎勵旅遊經營機構必須了解獎勵旅遊使用公司的要求，並準備拿出一定的時間和精力為其出謀劃策並提供專門的服務，還要與有豐富經驗的旅遊供應商緊密合作。
推銷力	推銷獎勵旅遊主要任務就是要使各公司相信，應當對公司取得重大成就的員工進行獎勵，讓他們到具有異國情調的目的地度假，同時本機構可以為各公司提供更好、更具想象力、更價廉物美的獎勵旅遊計劃。
關係力	獎勵旅遊計劃如果想獲得成功，關鍵還得與航空公司和飯店建立良好的關係。航空公司和飯店是獎勵旅遊商品和服務的供應者，它們工作的好壞決定著獎勵旅遊商品和服務的品質，直接影響到獎勵旅遊計劃的成功與否。

（二）獎勵旅遊的經營機構

獎勵旅遊的經營機構比較分散，主要集中在三類機構中，第一類是專門經營獎勵旅遊的機構，第二類是航空公司的專門機構，第三類是目的地管理公司網絡。

1. 獎勵旅遊的專門經營機構

獎勵旅遊的迅速發展導致了相應經營機構的建立。在美國，這些機構被稱為「動力所」（Motivational House）。這些機構不僅策劃獎勵旅遊活動，而且還為需要購買獎勵旅遊的公司組織安排獎勵旅遊。許多組織獎勵旅遊的企業都屬於它們自己的協會——獎勵旅遊管理人員協會（SITE）。

獎勵旅遊公司為公司、機關團體從供應商那裡購買旅遊產品。作為獎勵旅遊的組織者，它們同航空公司、遊船公司、旅館飯店、汽車出租公司這樣的供應商談判，得出每次旅行活動的總成本。在此之上，通常再加 15% ～ 20%，這裡包括它們的費用和利潤，最後給獎勵旅遊購買者一個綜合報價。

所以，獎勵旅遊的費用取決於獎勵旅遊公司同飯店、航空公司這樣的供應商談判所獲得的價格。因為獎勵旅遊公司是作為一個旅遊批發商代表獎勵旅遊購買公司來經營管理，所以不必涉及為購買公司的僱員安排這次獎勵旅遊的所有細節。在許多情況下，這些獎勵旅遊公司只是幫助購買公司來宣傳獎勵旅遊活動，從而調動公司僱員和客戶的積極性。

在國際上，從事這類獎勵旅遊業務的機構有三類。

（1）全方位獎勵旅遊公司

全方位服務的獎勵旅遊公司（Full-service Incentive Tour Company）稱為全方位獎勵旅遊公司。這類專業公司在獎勵旅遊活動的各個階段向客戶提供全方位的服務和幫助，如從策劃到管理從開展公司內部的溝通，舉辦鼓舞士氣的銷售動員會到制定定額，以及從組織到指導這次獎勵旅行，等等。這些工作需要耗費數百個工時，和訪問不同廠商和銷售辦事處所花的費用。所以這類全方位服務公司的工作報酬是按專業服務費支出再加上交通和旅館這樣的旅遊服務銷售的通常傭金來收取的。

（2）完成型獎勵旅遊公司

單純安排旅遊的獎勵旅遊公司稱為「完成型獎勵旅遊公司」（Fulfillment Type of Incentive Tour Company）。這類公司通常規模要小些，它們的業務專門集中於整個獎勵活動的旅遊部門安排和銷售上，而不提供獎勵活動中需要付費的策劃幫助。它們的收益就來自通常的旅遊傭金。

（3）獎勵旅遊部

獎勵旅遊部（Incentive Tour Department）是設在一些旅行社裡從事獎勵旅遊的專門業務部門。這些旅行社的獎勵旅遊部也許能、也許不能為客戶提供獎勵活動策劃部分的專業性援助。如果它們能提供的話，也常常按照全方位服務公司的收費標準來收費。

相關連結

新加坡旅遊局來穗推介會議及獎勵旅遊

新加坡旅遊局聯合新加坡航空公司、聖淘沙旅遊發展集團、麗星郵輪及新達新加坡國際會議與博覽中心共同發起的「量身訂做——會獎新加坡聯盟說明會暨啟動儀式」於 2006 年 11 月在廣州白天鵝賓館舉行。

據瞭解，「會獎新加坡聯盟」是特別針對中國市場量身定做的，其成員包括上述五個部門和企業。該聯盟此次推出的特色服務及優惠方案包括：新加坡航空公司（廣州）會為參與會展及獎勵旅遊的團體免費提供座位安排、特別餐單及獨立值機櫃臺；聖淘沙旅遊發展集團會為前來島嶼參加會獎旅遊的公司提供場租設備優惠、活動協助及餐飲特惠；麗星郵輪會為享受海上會獎旅遊的公司提供特殊體驗，尤其是可以專門安排船長致辭和親筆簽名航行證書等非金錢可衡量的附加服務；新達新加坡國際會議與博覽中心的特殊配套主要是場地、歡迎儀式及其他多項搭建服務優惠；新加坡旅遊局的「BEinSingapore」獎勵計劃則包含了多項專為團體提供的財務和非財務上的支持。

新加坡旅遊局大中華區署長蔡永興先生表示，此次新加坡旅遊局發起「會獎新加坡聯盟」目的在於吸引更多商務會展活動及獎勵旅遊客人來到新加坡，體驗新加坡商務會獎方面的先進設施與完備服務。

說明會後還舉行了聯盟啟動儀式，並為剛剛評選出的華南地區新加坡商務旅遊專家頒獎。

2. 航空公司會獎部

由於越來越多的公司將旅遊作為一種激勵工具，所以許多航空公司亦把獎勵旅遊作為一項重要業務來抓。尤其是在今天的亞洲，很難發現哪家航空公司沒有設立會議獎勵旅遊部門。最初這些部門只限於做會議旅行，它們著重強調的是自己國家作為會議舉辦地的吸引力，並積極支持申辦具有重大影響的會議，但現在這些部門已將業務從會議旅遊發展到了獎勵旅遊。

獎勵旅遊的最終使用者一般情況下都願意把獎勵旅遊組織者或目的地管理公司作為中間人，而不願意直接與航空公司打交道。這裡將航空公司會獎部列入獎勵旅遊經營機構之內。但也有獎勵旅遊的最終使用者會自己找上門，在這種情況下，航空公司都會給予熱情的服務和周到的安排。航空公司會議獎勵旅遊部經營範圍的大小實際上取決於公司總部對於其作用的規定，在這方面各航空公司之間是不一樣的。

多數航空公司擁有獎勵旅遊策劃人員，他們會列出所提供的服務項目。策劃人員對策劃獎勵旅遊行程非常關鍵。有時候航空公司要做一些旅行代理人或旅行批發商不能提供的工作，如進行促銷宣傳、申辦會議、為組織者提供免票，以及提供折扣或免費機票。

航空公司會獎部門必須瞭解獎勵旅遊最終使用者的基本詳情，要知道人數、出發日期，以及有無特殊要求。團隊越大，所需的準備時間就越長，通常的準備時間要 6 ～ 18 個月。大的團隊經常要運送幾天才能完成。希望訂包機的公司必須給航空公司時間，以調配額外的班機。在旅遊目的地機場已達到飽和的市場上，談判包機至少需要 1 年時間。

3. 目的地管理公司網絡

企業可以透過目的地管理公司（DMC：Destination Management Company）網絡來策劃獎勵旅遊。當企業決定進行獎勵旅遊時，往往需要在短時間內拿出多個不同目的地的、完備而又經濟的計劃，供企業的高層管理者進行最後決策時考慮和選擇。如果個人資訊量有限，又要在規定的短時間內按要求提出多項可供選擇的計劃，那就必須尋求幫助。通常人們都是向旅遊公司進行諮詢並希望獲得幫助，而常常忽視了國際上常用的目的地管理公司網絡這一聯盟性的組織。目的地管理公司（DMC）網絡有大有小，有一些是國際性的，各大洲間相互聯網，有一些是專屬於某一地區的，如地中海、歐洲或美國。這些網絡的任務是給獎勵旅遊組織提供資訊，包括某一目的地的專門資訊，推薦目的地管理公司，滿足所策劃的獎勵旅遊或者會議的需求。

當人們同目的地管理公司網絡聯繫時，可以從以下兩點著手進行。首先，可以透過與網絡聯繫，找到目的地公司，並在電腦屏幕上瀏覽該公司的整個

情況，包括該公司從事獎勵旅遊業務有多長時間，財政狀況如何，信譽和創造力如何，對獎勵旅遊和會議有何認識。也可以透過互聯網搜尋或者查詢黃頁，以瞭解目的地管理公司網絡。或者可以與獎勵旅遊管理人員協會聯繫，詢問加入網絡的目的地管理公司的名字。必須面對一個現實，就是不能等到需要時，才去查詢目的地管理公司網絡，而是現在就應同目的地管理公司網絡建立聯繫，讓其為策劃獎勵旅遊服務。其次，要講清楚獎勵旅遊的計劃和對時間、開支和住宿的要求，以及參加人員和公司的背景，還要講清楚有無特殊要求，網絡代表將會依次就目的地的各個方面與客戶磋商，並向客戶介紹有關基礎設施、旅館飯店、娛樂活動和專門的會議設施等。

相關連結

外地企業看好上海獎勵會議旅遊市場

　　獎勵會議旅遊對於中國國內來說相對還比較新鮮，很多人並不清楚這塊近兩年才新興的旅遊板塊中所蘊藏的市場容量。而桂林樂滿地度假世界卻稱，「5月左右，百勝餐飲集團包了四架專機來我們這兒召開中高層員工大會。」曾負責接待的莫經理透露，「基本上每個會議團的消費額至少都在幾十萬至上百萬之間。」莫經理表示，獎勵會議旅遊是一個綜合性的旅遊消費行為，所能為商家創造的利潤遠超過了傳統旅遊消費方式。

　　這其中最能吸引商家的是這些獎勵會議旅遊團雄厚的「二次消費」能力。據介紹，此類旅遊大都帶有員工激勵色彩，因此整個行程對於參會的員工都是免費的。所以絕大部分的參會員工會把這部分節省下來的行程費用花在他們每天的娛樂項目上面，例如高爾夫、森林別墅度假、遊艇、特色餐飲、召開公司的主題 party 等，都是參會者們所熱衷的消費項目，這些都被稱為二次消費。

　　會議旅遊團往往人數眾多，並且參加這種會議旅遊的員工都具有相當的消費能力，累加起來就是一個巨大的數字。「很多大型會議旅遊團客戶僅僅在二次消費方面就為我們帶來了上百萬的收入，」莫經理透露，「這樣，我們在住宿等方面給企業的優惠價，就能夠透過這種方式獲得平衡。」

據她透露，在上海的獎勵會議旅遊的業務開發上，他們將採取與旅行社合作，先推散客旅行團的方式擴大知名度及影響力。「對於會議旅遊市場的開發，由於我們與旅行社的經營定位不同，雖然在部分散客旅遊業務上面會依託於他們，但對於占到我們利潤收入接近三成的獎勵會議旅遊業務方面，我們還是會靠自己去開發市場。」

第七章 節事活動概述

▌第一節 節事活動的內涵

一、節事的定義

　　「節事」一詞來自英文「Event」，含有「事件，節慶，活動」等多方面含義。國外常常把節日（Festival）和特殊事件（Special Event）、盛事（Mega-event）等合在一起作為一個整體，在英文中簡稱為 FSE（Festivals & Special Events），中文譯為「節日和特殊事件」，簡稱「節事」。西方學者根據自己的理解，將文化慶典、文藝娛樂事件、體育賽事、教育科學事件、私人事件、社交事件等通通歸結到節事範圍內。

　　從概念上來看，節事是節慶、事件和精心策劃的各種活動的簡稱，其形式包括精心計劃和舉辦的某個特定的儀式、演講、表演和慶典活動，各種節假日及傳統節日以及在新時期創新的各種節日和事件活動。

二、節事活動的內涵

　　可從節事活動的目的、內容、形式、功能和實質等方面來理解節事活動的內涵（表 7-1）。

　　表 7-1 節事活動的內涵

項目	主要內容
目的	為了達到節日慶祝、文化娛樂和市場行銷的目的，提高舉辦地的知名度和美譽度，樹立舉辦地的良好形象，促進當地旅遊業的發展，並以此帶動區域經濟的發展。

項目	主要內容
內容	具有濃郁的文化韻味和地方特色,應根據當地的文化和傳統特色來具體設計。
形式	要求生動活潑,具有親和力,大多數的參與者都是想通過這一活動達到休閒和娛樂的目的。節慶活動的編排應嚴謹、環環相扣、切合主題。
功能	節慶活動不但是一種文化現象,更重要的是一種經濟載體。節慶活動應圍繞經濟活動的開展而做適當的調整。
實質	節慶活動的實質是商業性活動,舉辦期間大量的人流不僅使服務性行業收入迅速增長,還會促進交通、貿易、金融、通訊等行業的發展。

三、節事活動的特點

節事活動作為會展活動的一個部分,除了具有會展活動的一般特性以外,還具有自身的一些特性,這些特性主要包括:文化性、地域性、時效性、體驗性、多樣性、交融性、二重性、個性化、吸引性、認可性等(表 7-2)。

表 7-2 節事活動的主要特點

主要特點	主要內容
文化性	節慶活動本身就是文化活動，這些以民族文化、地域文化、節日文化和體育文化等為主導的節慶活動往往具有極濃的文化氣息。
地域性	節慶活動都是某一地域開展的，都帶有明顯的地域特性，可成為目的地形象的代表物。有些節慶活動已經演變成為地域的名片，而少數民族節日更是獨具地方特色。
時效性	每一項節慶活動都有季節和時間的限制，都是按照預先計劃好的時間規程開展和進行的。
體驗性	節慶活動實際是親身經歷、參與性很強、大眾性的文化、旅遊、體育、商貿和休閒活動，是建立在大眾參與和體驗基礎上的。
多樣性	節慶活動的內涵非常廣泛，其開展形式可多元化，開展內容可豐富多彩。
交融性	節慶活動的多樣性和大眾參與性決定了其必然有強烈的交融性，許多節慶活動都包含了會展活動，從而成為帶動當地經濟發展的引擎。
二重性	節慶活動參與者的角色，一是該主題節慶活動的參與者，二是該主題節慶活動的旅遊者。
個性化	舉辦地必須有特別出色的節慶活動產品提供給參與者和旅遊者挑選，否則一般很難成功。

主要特點	主要內容
吸引性	節慶活動本身必須具備強大的吸引功能，給參與者以非常好的感知印象，在心理上產生非去不可的願望。
認可性	節慶活動應該控制節慶活動參與者數量，保護當地旅遊環境不受破壞，在當地居民承受能力之內，以當地居民認可並顯示出友好的態度為準。

四、節事活動的意義

　　節事活動具有強大的產業聯動效應，可使旅遊者在停留期間具有較多的參與機會。它不僅能給城市帶來場租費、搭建費、廣告費、運輸費等直接收入，還能創造住宿、餐飲、通訊、購物、貿易等相關收入。更為重要的是，節事活動能會聚更大的客源流、資訊流、技術流、商品流和人才流，對一個城市或地區的國民經濟和社會進步產生促進作用（表 7-3）。

表 7-3 奧運會規模的相關數據（1980 ～ 2004）

項目	莫斯科	洛杉磯	首爾	巴塞隆納	亞特蘭大	雪梨	雅典
NOCs 代表	8 310	11 120	14 950	17 060	16 238	約 16 500	18 582
記者/來源地（NOCs）	3 860/74	3 840/105	4 930/108	4 880/107	5 954/161	5 300/187	21 500/199
轉播人員	4 100	4 860	10 360	7 950	9 880	約 11 000	–
志願者	–	33 000	27 200	34 600	47 466	47 000	60 000
票務銷售	526 800	5 720 000	3 306 000	3 812 000	8 384 290	7 000 000	5 300 000
轉播權（百萬美元）	87.9	286.8	398.7	635.5	898.2	131.6	1 498.5
全球贊助商	0	0	9	12	10	11	10
國家贊助商	35	35	13	24	34	32	10
官方供應商	290	64	55	25	65	60	23
許可權持有者	6 972	65	63	61	125	約 100	–

註：NOCs 為國家奧委會（National Olympic Committees）的縮寫。

資料來源：www.olympic.gov（2005）

　　節事活動除了具有提升舉辦國和城市的知名度和美譽度、擴大資訊交流、增強對外合作、推動旅遊發展、加快城市建設、促進地方經濟發展等促進作用以外，還具有豐富人民精神生活、弘揚民族文化和擴大旅遊市場、提升目的地旅遊形象、降低目的地旅遊季節性、調整旅遊資源、提高管理水平等特殊作用。

相關連結

第 23 屆國際孔子文化節精彩紛呈

　　2006 年的國際孔子文化節在精心策劃下，亮點、看點超過了以往任何一屆，可謂精彩紛呈，具體如下：

　　一是「孔子教育獎」成為亮點。首屆「孔子教育獎」頒獎盛典將於 9 月 23 日文化節期間在曲阜舉行。這是聯合國教科文組織在中國舉辦的一項重要頒獎活動，在海內外將會產生重大影響和關注度。

　　二是突出兩岸文化交流主題。本屆孔子文化節將舉辦「兩岸孔子文化交流周」大型交流活動，國臺辦對此給予高度重視和大力支持，中央電視臺多個頻道、中央人民廣播電臺、國際廣播電臺等主流媒體形成了重大報導計劃。這項活動將成為兩岸文化交流的一大亮點，對加強兩岸交流與合作，擴大當地對外開放具有重大意義。

　　三是高水準經科貿活動精彩紛呈。文化節期間，將舉辦第七屆中國專利高新技術產品博覽會、中國（濟寧）現代生態農業特色產品暨鄉村旅遊國際博覽會、孔子文化節經貿洽談會等系列活動，讓各位嘉賓在品嚐文化大餐的同時，共享科技交流與經貿合作的成果。

　　四是社會各界踴躍參與文化節。與往屆文化節不同，本屆文化節社會參與度與參與規模空前活躍，「中國第一股」五糧液集團積極參與孔子文化節，五糧液集團成為「海峽兩岸同祭孔曲阜孔廟祭孔大典唯一民間祭祀人」，五糧液酒為本次祭孔大典唯一祭祀酒。

　　去年，我們精心組織策劃了「全球聯合祭孔活動」，以山東曲阜孔廟為主祭現場，聯合上海、浙江衢州、雲南建水、甘肅武威、香港、臺灣、韓國首爾、日本足利、新加坡韭菜芭、美國舊金山、德國科隆等地為港臺地區和海外祭孔點，形成全球互動、共同祭孔的盛舉，進一步打響國際孔子品牌，增強中華民族的凝聚力和文化認同感，擴大中華傳統文化在世界的影響和傳播。今年，我們策劃了「兩岸孔子文化交流周」大型系列活動，不僅兩岸同祭孔，而且，將兩岸文化交流活動延伸到各個領域、多個層面，在兩岸互動和兩岸「血脈相同，文脈相通」的主題下，共築華夏兒女共同的精神家園。

　　（資料來源：聚焦第 23 屆國際孔子文化節：文化盛典全球盛事）

▌第二節 節事活動的分類

一、按內容劃分

節事活動按內容劃分，可以主要分為以下幾類（表 7-4）。

表 7-4 節事活動的分類

主要分類	相關內容
文化慶典	包括節日、狂歡節、宗教事件、節慶展演、歷史紀念活動等。
文娛事件	文化演出、音樂會等表演，文化展覽、授獎儀式等。
商貿會展	展覽會/展銷會、博覽會、會議、廣告促銷、募捐/籌資活動、貿易促銷和產品發放等。
體育賽事	職業比賽、業餘競賽等。
教科事件	研討班、專題學術會議、學術討論會、學術大會、教科發布會等。
休閒事件	遊戲和趣味體育、娛樂事件、社團活動、市民活動等。
政治事件	就職典禮、授職/授勛儀式、貴賓VIP觀禮、群眾集會等。
私人事件	個人慶典(如週年紀念、家庭假日、宗教禮拜等)，社交事件(舞會、節慶、同學/親友聯歡會等)。

二、按形式劃分

節事活動按照活動的形式，也可以分為單一性節事活動和綜合性節事活動。

單一性節事活動。單一性節事活動是指活動內容和形式比較單一，專業性很強的節事活動，如瑞士伯爾尼的洋蔥節、法國香檳節、上海徐家匯廣場啤酒節、新加坡的食品節，等等。

綜合性節事活動。綜合性節事活動是指活動內容和形式廣泛，具有較大包容性的節事活動，如杭州的西湖博覽會、上海的旅遊節，等等。

三、按地域範圍劃分

按照地域範圍劃分，節事活動可分為國際性節事活動、全國性節事活動和地方性節事活動。

國際性節事活動。國際性節事活動是指那些規模龐大、在全球媒體中引起反響的活動。例如,每 4 年舉辦一次的奧林匹克運動會以及殘疾人奧運會、世界盃足球賽、F1 方程式大賽等,不僅參加人數很多,而且規模越來越大。國際性節事活動,不僅可以為舉辦國家和城市帶來更多的客源,帶動其相關產業的發展,還可以為舉辦地樹立新的形象,提高舉辦地在國際上的聲譽。

全國性節事活動。全國性節事活動是指範圍波及一定的地理和行政區域,主要在一定的區域內引起反響的活動。全國性節事活動能引起地區以外的政府組織、經濟組織以及媒體的注意,對於提升國家的知名度、提供商機並帶動經濟發展都有很大的作用。在中國,全國性的節事活動有國慶節、五一勞動節、春節、廈門中國廣告節、青島啤酒節、大連服裝節,等等。

地方性節事活動。地方性節事活動是指與一個鄉鎮、城市或地區的精神或風氣相關,並獲得廣泛認同的活動。地方性節事活動一般有一定的持續時間並且是重複發生的活動。它可以在短期或長期內提高某一地區的知名度和吸引力。由於各地的風俗習慣不盡相同,所以地方性的節事活動非常多。許多著名的地方性節事活動享有一定的國際聲譽,像美國的肯塔基賽馬會,英國的切爾西花展,中國的龍舟節、柑橘節、茶文化節、火把節、都市森林狂歡節、桃花節、森林旅遊節、民俗文化節、廟會,等等,這些在當地都是具有廣泛影響的節事活動。這些活動為當地帶來了巨大的旅遊收入,並提高了地方的自豪感和舉辦地的國際聲譽。

四、按組織劃分

節事活動按照組織者不同,可分為政府型節事活動、民間型節事活動、企業型節事活動。

政府型節事活動。政府型節事活動是由政府出面組織的公益節事活動。例如,由中央政府組織的春節或中秋節的聯誼活動、勞動節和國慶節的聯歡活動以及誕辰紀念日,等等;由地方政府組織的貿易洽談會、旅遊節、藝術節、體育活動等。

民間型節事活動。民間型節事活動是由民間團體組織的節事活動，如一些具有民族特色的各類節事，像彝族的火把節、傣族的潑水節、法國的狂跳節、義大利狂歡節等。

企業型節事活動。企業型節事活動是由企業組織的商業節事活動，一般為商業性活動，諸如投資洽談會、產品推廣活動、打造形象的贊助活動，具體如大連服裝節、北京國際汽車展、濰坊風箏節等。

五、按主題劃分

節事活動按照主題可以分為貿易性、宗教性、民俗性、文化性、商業性、體育性、政治性、自然景觀等幾大類型的節事活動。

貿易性節事活動。一般均以舉辦地最有代表性的風物特產為主打品牌，如青島的啤酒節以著名的青島啤酒作為節日的主題，類似的還有洛陽的牡丹花會，景德鎮的國際陶瓷節等。

宗教性節事活動。例如，麥加朝聖、伊斯蘭教古爾邦節、西藏曬大佛、復活節、佛教的觀音菩薩生日以及各種宗教組織舉辦的資助和捐款活動等。

民俗性節事活動。以舉辦地獨特的民族風情為主題。如傣族的潑水節、彝族的火把節、濰坊的風箏節、吳橋的雜技節、南寧的民歌節等。

文化性節事活動。以地方文化內涵為主題，如巴西嘉年華、哥倫布航海500 週年歷史紀念日、夏納國際電影節、上海國際文化藝術節等。

商業性節事活動。以舉辦地舉行的商業貿易節事為主題，如五年一次的世界博覽會、一年兩次的廣交會、一年一度的德國法蘭克福書展、一年一次的大連國際服裝節等。

體育性節事活動。以體育賽事為主題，如奧林匹克運動會、世界盃足球賽、F1 方程式大賽、網球大師杯賽、北京的國際馬拉松賽事、倫敦的馬拉松賽事、香港的賽馬會等。

政治性節事活動。以政治事件為主題，如兩國建交週年慶典、世界銀行大會、APEC 會議等。

自然景觀為主題的節事活動。以舉辦地的著名景觀為主題，如華山國際旅遊登山節、桂林的山水節、重慶三峽國際文化節等。

六、按屬性劃分

節事活動按照屬性可以分為傳統節事活動、現代節事活動和其他節事活動三大類。

傳統節事活動。在古代，傳統節事活動是以弘揚民族文化為主，中國有端午節、重陽節、春節、元宵節等，國外有聖誕節、復活節、狂歡節等。在近代，世界各地又湧現出一批受歡迎的節日節事活動，如各國國慶節、國際勞動節、兒童節、婦女節、美國紐約的玫瑰花節、奧爾良的聖女貞德節等。

現代節事活動。世界上有許許多多的節事活動，有的與生活有關，有的與生產有關。與生產有關的現代節事活動有廣州花會，深圳的荔枝節，菲律賓的捕魚節、水牛節，阿爾及利亞的番茄節，摩洛哥的獻羊節，義大利豐迪市的黃瓜節，新墨西哥州哈奇城的辣椒節，西班牙的雞節，等等。與生活緊密相連的現代節事活動有濰坊風箏節、上海旅遊節、大連服裝節、上海服裝節、青島啤酒節、蒙古族的那達慕大會、浦東國際煙花節，等等。

其他節事活動。除了傳統節事活動和現代節事活動以外，還有一些會議、展覽和體育等活動，特別是體育活動越來越受到廣大人民的喜愛，如每 4 年舉辦一次的奧運會和世界盃足球賽，各大洲舉行的洲際運動會，以及各種專業體育運動委員會組織的世界錦標賽和大獎賽，等等。舉辦體育活動，可以提高主辦國家和城市的知名度和美譽度，並透過旅遊和各種商業活動為主辦國家和城市創造更多的財富。對那些自然旅遊資源缺乏的國家或地區來說，舉辦體育運動會還可以創造更多的人文景觀，從而吸引更多的遊客。

七、按影響劃分

從節事活動投資額、參與活動（包括觀眾）人數、活動產生的媒體曝光度、社會聲譽影響面、舉辦的時間間隔性等影響層面考察，節事活動可以分為以下幾個層次。

重大節事活動。重大節事活動參加人數應超過 100 萬人次，投資規模應不少於 5 億美元；從聲譽影響看，應該是必看的活動；從規模和重要性角度看，能為東道國或地區創造極高水平的聲望影響或經濟收益的活動。如世界盃、世博會、奧運會等。

特別節事活動。特別節事活動指的是精心計劃和舉辦的某個特定的儀式、演講、表演或慶典。如國慶節和慶典、重大市民活動、獨特的文化演出等。

標誌節事活動。標誌節事活動是指那些一次性或在有限的時間內可重現的活動，舉辦這些活動的主要目的是為了在短時間內或可長遠地增加人們對旅遊目的地的認知、增強目的地吸引力、獲取更多的經濟收益。如西班牙的奔牛節、蘇格蘭的愛丁堡文化節、里約熱內盧的狂歡節、肯塔基的賽馬會、切爾西的花展等。

社區節事活動。社區節事活動包括鄉鎮和地方社區事件活動，與前三個節事活動的區別在於前者具有較大的影響力。

八、按類型劃分

從節事類型上看，節事活動可分為自然節日、社會節日、民族節日、歷史節日、政治節日、國際節日、休閒節日、文化和經濟節日等節事類型（表7-5）。

表 7-5 按類型劃分的主要節事活動

節慶活動類型	主要特點
自然節日	節慶內容多與農業、或者崇拜自然有關，如清明節。
社會節日	多與「人本」精神有關，如「五一」勞動節，「四四」兒童節，「三八」婦女節，「三一五」消費者權益保護日，「九二八」教師節，等等。

節慶活動類型	主要特點
民族節日	一般是一個國家多元化的象徵,如中國56個民族與台灣原住民幾乎都有自己獨立的節日祭典文化。
歷史節日	紀念歷史上某個特殊日子而舉行的活動,如佛祖誕辰日,虎門禁菸日以及抗日戰爭勝利紀念日。
政治節日	強調公民的國家意識,具有強烈的震撼力,如雙十國慶日、「十二五」台灣光復紀念日。
國際節日	多反映社會的開放度和跨文化交流,具有外來強勢文化的滲透意義,如西方的聖誕節、情人節。
休閒節日	是現代文明進步的標誌,如中國政府推出「十天假日」措施,就體現了政府對國民生活品質的關心。
文化與經濟節日	帶有強烈的商業色彩和明顯的區域特徵。

第三節 節事活動的管理

一、節事活動的條件

　　舉辦節事活動之前,目的地應該衡量自己在城市吸引力、城市形象、城市環境、城市氣候等方面,是否具備承辦節事活動的主要條件(表 7-6)。

　　表 7-6 節事活動的承辦條件

節慶承辦條件	主要特點
旅遊附加值	舉辦節慶活動應做到以下幾點：一是建立節慶品牌，二是提高媒體曝光率，三是公眾積極參與，從而使節慶舉辦地的旅遊附加值進一步提高。
城市獨特形象	具備獨特形象的城市更有可能創造具有一定影響力的節慶活動。
城市經濟環境	城市本身雄厚的經濟實力、較高的服務水平、當地政府的公信度，是成功舉辦節慶活動的重要前提。
文化特色鮮明	憑藉風格獨具的城市文化特徵，可以產生個性鮮明、魅力十足的節慶文化活動。
城市交通便利	成為重要節慶活動的標準之一，指的是有否高效、快捷的城市公共交通系統。
客源距離遠近	節慶活動舉辦地所吸引的客源市場的空間距離，離舉辦地越近，影響力越大。
氣候宜人舒適	宜人舒適的氣候，是指參加節慶活動的人無須借助任何防寒、避暑的裝備和設施，就能保證一切生理機能正常進行的氣候條件。

二、節事活動的原則

(一) 系統協調性原則

節事活動是一個社會經濟、政治、文化和環境的系統工程，涉及交通、住宿、餐飲、通訊、購物、貿易等多種行業，節事活動的策劃要從整體出發，綜合考慮各種因素，使各環節、各部分、各層次相互銜接，有序進行。

(二) 大眾參與性原則

節事活動本身就是一個大眾性的活動，沒有廣大群眾的積極參與，節事活動就失去了應有的意義。因此，吸引廣大群眾積極參與節事活動是組織者應該考慮的重要原則之一。

(三) 活動針對性原則

節事活動的策劃要針對該節事活動的市場定位、活動主題、產品價格和服務、參與對象、節事的內容與形式等。

(四) 經營市場化原則

節事活動的組織者要運用市場化原則考慮活動的經營與管理問題，淡化政府行為，強化市場行為，引入公平競爭機制，最大限度地追求經濟效益。

（五）實際操作性原則

節事活動的策劃要有針對性和高度的可操作性，要從實際情況出發，按照一定的程序，制訂出最佳方案，以取得經濟效益、社會效益和環境效益的統一。

（六）獨特創新性原則

節事活動的策劃必須常變常新，不斷地尋找亮點、熱點和賣點，以確保所舉辦的節事活動始終成為人們關注的焦點。

不同的節事活動要採取不同的形式和禮儀，如聯歡晚會、文藝晚會、舞會、遊園、花會、燈會、演講會、座談會、報告會、茶話會等。無論採用哪種形式，都應注意以下方面：①活動靈活、新穎、歡快；②儘量節省開支，防止鋪張浪費；③嚴密組織，保證安全，防止意外；④重大活動可請有關方面領導人參加；⑤講話簡短、精彩；⑥政治性慶祝活動應注重宣傳報導，以擴大影響，烘托氣氛。

三、節事活動的策劃

（一）節事活動的主題策劃

節事活動的主題就是指活動的核心思想，整個節事活動的開展都必須圍繞著它來進行。有了活動主題，組織工作才能有條不紊地展開，活動才有鮮明的形象、生動的內容、高度的凝聚力和巨大的號召力（表7-7）。

表7-7 奧運會的主要戰略目標

奧運會年份與主辦地	主要策略目標
1988 年首爾	是韓國對外開放策略的核心組成部分，用以展示韓國在世界政治和經濟體系中民主、開放的新定位、新形象。
1992 年巴塞隆納	促進拉科魯尼亞地區的經濟復興，實施巴塞隆納城市更新。
1996 年亞特蘭大	爲本區域增加新的商業活動，吸引企業進駐亞特蘭大（尤其是美國國內的企業及商務活動）。
2000 年雪梨	促進國際旅遊業發展和吸引區域性(亞太地區)服務活動，提高雪梨作爲國際都市的地位和吸引力。
2004 年雅典	將雅典「再造」成現代化城市，促進旅遊業發展。

資料來源：付磊．奧運會旅遊的國際比較和啟示．中國網，2002-11-19.

沒有主題，就沒有核心，就必然雜亂無章。所以，節事活動的主題策劃是非常重要的。節事活動的主題策劃要注意以下幾個方面（表 7-8）。

表 7-8 節事活動的主題策劃

主題策劃	內容
充分調查借力文化	節慶活動策劃，應該對當地進行切實的市場調查，以挖掘地方性和特色性文化，節慶活動越具有地方性，就越具有民族性，越具有市場潛力。
主題鮮明特色突出	節慶活動的主題要與主辦地的特色相結合，因地制宜，充分發揮舉辦地的政治、經濟、文化、自然、地理等優勢，旗幟鮮明地突出民族文化，策劃「獨一無二」的活動項目。
切中要害突出要點	爲了吸引更多的人參與節慶活動，主題的選擇要切中要害，突出關注的焦點問題和熱點問題。
體現共性普遍關注	節慶活動的主題應該突出人們普遍關注的共性，能使人們從中獲取共同的利益以及有益的訊息和啓迪而樂於參加。
以人爲本天人合一	主題策劃要始終堅持以人爲本的原則和立場，一是要做到人與人之間的和諧，二是要做到人與自然的和諧。
訊息及時多人參與	及時發布訊息，讓更多的人參與到節慶活動中來，爲節慶活動出謀劃策。這是節慶活動組委會傾聽群眾意見、改善組織工作的極好機會。

（二）節事活動的內容策劃

確定了節事活動的主題後，就可以有針對性地開展節事活動的內容策劃。

1. 主題物品的策劃

主題物品是整個節事活動的靈魂和載體，它不僅承載著節事活動的主題內容，而且還要充當人們留作記憶的紀念品。主題物品要實在具體，不能太抽象，即使是抽象物品，組織者也要提供相關的旅遊紀念品供遊客選購，以留作紀念。

2. 主題吉祥物的策劃

吉祥物或象徵圖案是表現某種文化主題內容的物品或圖案，是經過深思熟慮和多方論證的理想化設計的活動飾物，其主要功能是標示活動、展示活動主題、烘托活動氣氛和誘導公眾情趣。吉祥物的創意構圖以及色彩組合都有著豐富的內涵，是組織委員會的註冊商標，未經允許不得隨意使用。

3. 主題典故的整理

舉辦節事活動要根據需要挖掘出相關的典故和趣聞，從而提高節事活動的文化品位，增強節事活動的魅力和吸引力。

4. 主題儀式的策劃

策劃節事活動時，既要重視硬體，又要重視軟體。其中，軟體的策劃指對節事活動程序和儀式的設計。主題儀式設計要注意兩個方面：一是儀式要融合民族文化，要用民族文化的精華貫穿儀式全過程，以表現當地民族文化風采；二是儀式要突出活動的主題，氣氛活躍，娛樂性強。

5. 主題氛圍的設計

策劃節事活動的過程中，組織者要高度重視運用音樂、音響和裝飾色調烘托節事活動的現場氣氛，以營造歡快祥和的基調，以及既符合主題思想，又具有鮮明文化特色的氛圍。

四、節事活動的成功

　　節事活動對整合舉辦地各形象要素，塑造和傳播舉辦地的形象有至關重要的作用。就旅遊目的地而言，節事活動的成功舉辦對提高其公眾關注度更有著巨大的推動作用。節事活動的成功標準有如下一些要素（表7-9）。此外，衡量節事活動的成功與否也不能忽略舉辦地的供給能力、交通的便利性、節事活動的象徵性和能否滿足參與者基本需要等方面。

表 7-9 節事活動成功的主要標準

成功標準	特點
確切性	節慶活動的內容及舉辦時間的確切性是其成功與否的首要前提。
獨特性	節慶活動的獨特性是其成功的標誌。
好客性	節慶活動的參加者更關心的是當地人是否好客、是否熱情。

成功標準	特點
眞實性	節慶活動的原創性與眞實性可增加對遊客的吸引力。
傳統性	有悠久歷史傳統和濃厚大眾色彩的節慶事活動都深受大眾的歡迎，也極易成功
主題性	大多數國家或地區舉辦的成功節慶活動，都擁有鮮明的主題旋律。
品質性	品質是節事活動能否存在下去的生命源，一流的品質是節慶活動成功的關鍵，包括出色的設施、一流的效果、嚴格的制度等。
多元性	節慶活動的宗旨就是實現各民族文化的交融，證明舉辦地是多元化文化匯集的城市。
節日性	節日精神是節慶活動的靈魂，失去了靈魂，就失去了節慶活動的氣氛，也就不可能把節慶活動辦下去。
適應性	節慶活動內容的適應度是決定其能否為大眾所認可的又一前提條件。
主導性	各國政府都非常重視節慶活動的發展，由政府領導人親自出面參與申辦和舉辦的節慶活動成功的可能性更大。
專業性	運用現代化管理手段對節慶活動進行專業管理和專業促銷，可以進一步促進節慶活動的成功。
志願性	依靠志願者保證節慶活動短期內對大量工作人員的需要，也是節慶活動成功的關鍵因素。

五、節事活動的安全

節事活動是人流、物流、資金流和資訊流高度聚集的場所，因此，安全是非常重要的。1972年慕尼黑奧運會上，以色列代表團11名成員被恐怖分子劫持、謀殺；2000年亞特蘭大奧林匹克公園爆炸案造成1人死亡、100多人受傷；2004年北京密雲元宵燈會踩踏造成30多人死亡，此類惡性事件至今仍然歷歷在目。因此，舉辦節事活動的組織者要從這些教訓中總結經驗，重視節事活動的安全問題，防患於未然。

（一）節事活動的安全範圍

1. 節事活動的安全內涵

節事活動的安全問題主要包括暴力行為，非法侵占他人財物行為，以及由自然災害、公共衛生、飲食衛生所引發的安全問題，等等。節事活動風險

管理者要關注以下暴力行為：一是工作場所暴力；二是針對參加節事活動遊客的暴力；三是社會混亂，如由於酗酒、毒品或幫派引起的紛爭；四是家庭暴力；五是財產糾紛。另外，還可進一步把風險管理的暴力犯罪類型分為：節事暴力犯罪、節事非暴力犯罪和投機犯罪、節事自我傷害犯罪三種類型。

　　對於類似於盜竊與扒竊等影響較小的違法犯罪行為，組織者不應花費太多的精力，而對那些綁架遊客、謀殺等惡性犯罪行為，組織者要重點防範。任何節事活動都必須面臨暴力與犯罪風險的挑戰與考驗。目前，一些國際性節事活動已經積累了一些降低暴力風險的經驗和教訓。組織者應對有「前科」的外國肇事者實行重點監控，對那些危險分子不予簽證，在現場布置大量警察和便衣，發現危險苗頭及時制止。

　　2. 節事活動的風險類型

　　安全的等級就是指風險的等級，按照風險等級的劃分，節事活動的風險也處在四個象限之中：象限 I 表示風險發生的可能性很大，後果嚴重；象限 II 表示風險發生的可能性很小，但後果嚴重；象限 III 表示風險發生的可能性很小，影響很小；象限 IV 表示風險發生的可能性很大，但影響很小（圖7-1）。

風險發生的可能性很小， 但後果嚴重 (II)	風險發生的可能性很大， 後果嚴重 (I)
風險發生的可能性很小， 影響很小 (III)	風險發生的可能性很大， 但影響很小 (IV)

圖 7-1 節事活動存在的四種風險類型

對（Ⅰ）區的風險，應採取嚴密的措施，層層把關，努力降低風險發生的可能性，儘量使（Ⅰ）區風險轉化為（Ⅱ）區風險。對（Ⅳ）區的風險，要控制其發生的各種條件，儘量把（Ⅳ）區風險轉化為（Ⅲ）區風險。當然，在降低風險發生的可能性的同時，還應該不斷地降低風險的影響程度。

（二）節事活動的安全管理

1. 節事活動的人群控制

節事活動的人群控制是至關重要的，因為人群的湧動最容易出現踩踏事件。2006 年初麥加朝聖造成幾百人死亡的踩踏事件提醒節事活動的舉辦者，在活動舉辦期間要嚴格控制人群，避免此類悲劇再次發生。

在節事活動中，個別滋事分子容易制服，但失控的人群就很難控制。節事活動中的人群就像奔騰的河流，稍有不慎，就會釀成大禍，造成重大人員傷亡。因此，控制和分流人群是節事活動組織者必須首先考慮的問題。

節事活動的組織者要儘可能少地提供酒精飲料，儘可能多地展示笑容，儘量不要使用武力；與廣大媒體保持良好的溝通，對遊客進行正面引導，防止其因不知情而產生恐慌的情況出現。

2. 節事活動的自然災害預防

地震、颶風等自然災害對節事活動的影響有時是不可預測的。雖然天氣預報和其他災害預警系統已經建立，但就目前的科技水平而言，還達不到百分之百的準確率。所以，節事活動要建立災害發生時的緊急預案，以防不測。

當發生地震、颶風等自然災害時，要儘量控制人群的隨意流動，要按照預案疏散人群，避免更大的人員傷害。對受傷的人員，要及時自救和他救，要準確地將災情報告給有關部門以盡快獲得社會的救助，不能盲目行事，貽誤搶救的最佳時機。

3. 節事活動的內部安全

節事活動的內部安全包括設備運轉安全、飲食衛生安全、公共衛生安全、遊客財物安全等方面的內容。

設備運轉安全涉及照明系統是否正常、電路是否存在安全隱患、設備是否正常運轉等一系列的問題。飲食衛生安全涉及食物供應是否達到衛生標準、飲用水是否達到飲用標準、食品安全檢查工作是否到位等一系列的問題。公共衛生涉及洗手間的分布是否合理、指示是否清晰、數量是否足夠、設施是否齊全等一系列的問題。遊客的財物安全涉及大件行李寄存制度是否完善、防盜措施是否建立，安全檢查是否到位等一系列的問題。

總之，如果節事活動的內部安全出了紕漏和問題，就會影響整個活動的開展，大大降低活動的質量，使活動的影響大打折扣。

相關連結

新加坡官員稱國際會議期間不排除恐怖襲擊可能

新加坡副總理兼內政部長黃根成 2 日表示，在 9 月中旬舉行的國際貨幣基金組織和世界銀行年度大會期間，新加坡不能排除遭受恐怖襲擊的可能性。黃根成當天在出席新加坡內政群英學院的開幕式時說，為了這次年會，新加坡很早就開始做安全方面的準備。來自新加坡警察部隊和民防部隊的官員一直在進行訓練，在體能和精神上準備應對潛在的安全問題和在會議期間可能出現的突發事件。但他強調，這並不能排除新加坡遭受恐怖襲擊的可能性。

國際貨幣基金組織和世界銀行年度大會將於 9 月 19 日至 20 日在新加坡舉行，在此之前，還將舉行一系列相關會議。為確保會議的安全舉行，新加坡警方加強海陸空保安，採取了歷來最大規模的保安措施，已經動員了超過 1 萬名執法人員參與這一全國性的保安活動。

警方行動局局長甘澤銓 8 月底表示，警方將加強關卡檢查、提高全島保安戒備，及加強會場和酒店保安。警方將增派警察展開全島巡邏，特別是公共交通設施、商業大樓及購物商場的保安。巡警將對公眾進行臨檢，檢查隨身攜帶物品。他籲請公眾採取合作態度。空軍直升機也會不時在空中巡邏，以支援地面執法單位的交通疏導及保安行動，並監視海域。移民與關卡局也提高海陸空關口檢查。他重申警方禁止街頭示威的立場，「以免影響會議期間警方部署的保安行動」。

第八章 會展主要國際組織概述

▌第一節 會議的主要國際組織

　　會議是具有國際性的經濟活動，它不僅促進了國家或地區的經濟發展，而且推動了各國之間相互瞭解和建立友誼的進程。舉辦會議也會產生許多複雜的國際問題，這就需要會議業涵蓋的各細分市場的國際會議專業組織作為協調的機構，制定相關細分市場各企業機構共同合作的各種規範。實踐證明，與會議業有關的國際專業組織在推動世界會議業市場化的發展中，發揮了重大的作用。瞭解這些國際會議專業組織，積極地建立和它們的聯繫，成為它們的成員，參加它們的活動，將有更多的機會獲取國際會議業發展的各種資訊，更快地開發國際市場和發現業務機會，更好地借鑑會議業市場化發展的國際經驗，融入國際會議市場參與競爭，並在競爭中與國際市場同步發展。

一、國際大會和會議協會（ICCA：International Congress & Convention Association）

　　國際大會和會議協會（ICCA）是最主要的國際專業組織之一，是全球唯一將其成員領域涵蓋了國際會務活動的操作執行、運輸及住宿等各相關方面的會議專業組織。ICCA 創建於 1963 年，總部位於荷蘭首都阿姆斯特丹。其目標是，透過合法的手段，促進各種類型的國際會議及展覽的發展，評估實際操作方法，以促進旅遊業最大限度地融入日益增長的國際會議市場。到 2004 年，ICCA 在全球擁有 80 個國家的 650 多個機構和企業會員，而中國已有近 30 家單位成為 ICCA 成員。

　　作為世界主要的會議專業組織，ICCA 包含了所有當前以及未來的會議領域專業部門，協會肩負的使命是：①提高協會成員舉辦會議的技巧及對會議行業的理解；②為協會成員間的資訊交流提供便利；③最大限度地為協會成員提供發展機會；④根據客戶的期望值逐步提高專業水準。國際大會和會議協會將其成員按所屬會議產業專業部門分類，並以一個英文字母作為成員類型的代號（表 8-1）。

表 8-1 ICCA 成員分類體系

成員類型	代表字母	成員數量
會議/旅行/目的地管理公司	A	68
航空公司	B	10
專業會議展覽組織者	C	115
旅遊及會議局	D	149
會議訊息及技術專業機構	E	53
飯店	F	56
會議場所及展覽中心	G	179
榮譽會員	H	5

資料來源：ICCA（2004）

　　ICCA 採用一種區域性的組織結構，不僅致力於促進同一會議產業專業部門成員之間的協作，而且還要突破成員所屬會議產業部門類型的限制，促進在同一地理區域的不同會議產業部門成員之間的合作。基於此，ICCA 成立了區域分會、國家和地方委員會。ICCA 將全世界劃分為 9 個區域，設立了 9 個區域分會：非洲分會、法國分會、北美分會、亞太分會、拉美分會、斯堪的納維亞分會、中歐分會、地中海分會、英國 / 愛爾蘭分會。此外，ICCA 在全球 17 個國家和地區設立了委員會，即澳大利亞委員會、以色列委員會、瑞士委員會、奧地利委員會、日本委員會、泰國委員會、巴西委員會、馬來西亞委員會、慕尼黑委員會、中國臺北委員會、荷蘭委員會、維也納委員會、德國委員會、葡萄牙委員會、國際會議協會歐洲理事會、印度委員會、斯里蘭卡委員會。

　　各種會議公司或機構必須繳納會費和年費才能成為 ICCA 的成員，並享受該協會提供的產品與服務。國際會議協會提供的產品和服務有：①協會數據庫說明；②協會數據庫報告書；③協會數據庫提供的按客戶要求特製的表格名錄；④公司數據庫說明；⑤公司數據庫提供的按客戶要求特製的表格名錄；⑥國際會議協會數據專題討論會資料；⑦國際會議市場統計資料。

ICCA 提供的產品和服務對於幫助其會員瞭解國際會議市場，獲取行業資訊，開展會議行業教育和調研活動，以及制訂會展發展計劃和策略，有著重要的參考價值。

二、國際協會聯盟（UIA：Union of International Association）

國際協會聯盟（UIA）於 1910 年在比利時布魯塞爾召開的國際組織第一屆世界大會上正式宣告成立。以後，UIA 又根據 1919 年 10 月 25 日比利時法律，正式以一個具有科學宗旨的國際協會的名義登記註冊。1951 年，UIA 修改了章程，成為一個世界聚焦的有個人正式會員的機構。

UIA 是一個獨立的、非政府的、無政治色彩的、可幫助 4 萬個國際組織和客戶交換資訊的非營利性組織，以書面、光盤和互聯網的形式為廣大用戶提供了大量的數據資料。UIA 的宗旨和活動是：①在維護人類尊嚴、促進各國人民團結和溝通自由的基礎上為建立全球秩序做出貢獻；②在人類活動的每一個領域裡，特別是在非營利性組織和志願者協會裡，促進非政府網絡的發展和效率的提高；③收集、研究和傳遞有關資訊，如政府和非政府國際機構的基本情況、它們之間的關係、召開的會議及它們面臨的問題與採取的策略；④嘗試用更有意義、更切實有效的資訊傳遞方法，將其所提倡的聯合活動和跨國合作發揚光大；⑤促進國際協會就法規政策、協會管理和其他問題開展研究。

UIA 每兩年召開一次大會，選舉國際協會聯盟執行委員會成員。該執行委員會由 15 ～ 21 個成員組成，每個成員任期最長 4 年，也經常有短期工作人員簽訂短期項目合約。UIA 的正式會員不超過 250 個，要由全體大會根據候選人的興趣和他們在國際機構中的作用選舉產生。通常候選人都在某個國際機構中發揮過積極的作用。正式會員包括外交家、國際公務員、協會管理人員、國際關係教授和基金負責人。正式會員不需繳納年費，但要在各自的領域內為維護 UIA 的利益、進一步擴大 UIA 的影響做出努力。對 UIA 的宗旨和活動感興趣的法人團體和個人，只要繳納年費，並經過國際協會聯盟執行委員會批准，就可以成為國際協會聯盟的非正式會員。UIA 年預算約為 80

萬美元，透過成員的預訂刊物費、聯盟的研究和諮詢合約收入、出版物的銷售及服務收入達到 95% 財務自立，其餘部分來源於比利時、法國、瑞典政府及一些官方和私人機構的捐款和贊助。

三、會議產業委員會（CIC：Convention Industry Council）

1949 年四家社團組織的領導人在一起討論會議業的發展形勢，建立了一個委員會，並制定了一套貿易標準，即著名的會議聯絡委員會（Convention Liaison Council）。這四家創始組織為：美國住宿業與汽車旅館協會、美國社團組織經理人協會、國際服務業市場營銷協會、國際會議和旅遊局協會。2000 年會議聯絡委員會更名為會議產業委員會（Convention Industry Council），並制定了以下基本目標：①達成這些組織對各自責任的相互理解和認同；②透過研究項目和教育項目，為處理會議程序創造一個堅實和穩定的基礎；③在會員組織間舉行大家共同感興趣的教育項目和活動；④讓眾人知曉會議對整個社團和國家經濟的必要性。

多年來，CIC 一直是這個行業中的教育領導者，它創建了註冊會議專業人士認證項目（Certified Meeting Professional Program）。CMP 認證項目從 1993 年起在國際推廣，平均每年有 1000 個項目得到 CMP 認證。1961 年出版的會議聯絡委員會手冊介紹了會議中涉及的三方——贊助組織、飯店和會議局各自的具體責任。該手冊現在已經重印了 7 次，內有實用的清單、表格和行業詞彙。目前，該委員會由 29 家會員組織構成，一半代表買方，一半代表賣方，共代表著 1300 個公司和機構。

四、國際專業會議組織者協會（IAPCO：The International Association of Professional Congress Organizers）

國際專業會議組織者協會（IAPCO）成立於 1968 年，其前身是英國專業會議組織者協會（ABPCO：The Association of British Professional Organization）。這是一個由專業的國際國內會議、特殊活動組織者及管理者組成的非營利性組織，服務於全球的專業會議組織者，其總部設在英國倫敦。

IAPCO 成員遍及全球，每年舉行各種活動。其成員質量保證受到全球會議服務商的認可。不管它們是獨立的專業會議組織者，還是一個單位內部的專業會議組織者，是為公司、協會和政府會議市場服務，還是為教育和科學研究會議市場服務，所有的 IAPCO 成員都需要有豐富的辦會經驗和經歷，都應該是熟練的國際和國內會議活動策劃和協調的諮詢者和管理者。IAPCO 的標誌意味著質量，對專業會議籌劃和管理者而言，它就是一個全球性品牌。作為這個傑出標誌的代表，IAPCO 的成員在全球會議行業的供應商和經營商中獲得普遍認可。IAPCO 成員分為普通會員、榮譽會員、邀請會員、項目經理會員、分支機構會員 5 類。

IAPCO 設有會議管理職業學院，致力於透過教育及與專業人員的溝通，不斷提高其成員和會議行業人員的服務水平。IAPCO 在會議教育方面有著空前的紀錄。每年為專業會議組織者舉辦的 IAPCO 講座，即廣為人知的 Wolfsberg 講座，最早開始於 1975 年。從那時起，來自 70 多個國家的超過 1 000 名學員參加了為期 1 周的講座，並獲得 IAPCO 講座證書。這是世界上為專業人員（包括會議組織、國際會議目的地促銷、週年活動舉辦）舉辦的最具綜合性的培訓項目。此外，IAPCO 也舉辦各種中高級管理講座，主要討論的是關於會議業作為一個服務性產業的運作，內容涉及了當今會議產業的新趨勢等熱點話題。IAPCO 的國內和地方性的講座，主要由當地主辦方邀請舉行，通常在歐洲以外的國家，例如亞洲的各種聯合性的 IAPCO 或 AACVB 講座。所有由 IAPCO 的會議管理職業學院資助的活動，都對 IAPCO 成員開放，並允許其成員支付較低的費用參加。

隨著亞太地區在國際會展市場份額的增加，IAPCO 會員在亞太地區不斷發展壯大。IAPCO 正在亞洲舉辦各種教育項目，支持會議產業在其他新興會議目的地的良好發展。除香港外，中國國內還沒有企業或個人成為 IAPCO 成員。

五、會議專業工作者國際聯盟（MPI：Meeting Professional International）

會議專業工作者國際聯盟（MPI）成立於 1927 年，是全球會議和活動取得成功的主要依靠力量，其使命是致力於成為會展行業策劃和開發會議這一領域內的未來領導性的全球組織。為了獲取更多的專業和技術資源，贏得專業發展和網絡工作的機會，利用戰略同盟、折扣服務和分部成員之間互相溝通的優越性，越來越多的企業、機構和組織加入了 MPI。

MPI 總部設在美國的達拉斯，目前在全球 60 個國家有近 2 萬個成員，他們分別屬於 61 個分部，另有 3 個分部正在籌建。成員共分 3 類，即會議策劃者、提供會議業所需產品和服務的供應商及大專院校會展專業或接待業的全日制在校學生。其中，會議策劃者成員占總數的 46%，其餘的 51% 為後兩類成員。他們透過參加或贊助 MPI 會議，在《會議專業工作者（The Meeting Professional）》雜誌或在 MPI 網頁上刊登廣告及購買 MPI 成員標籤來獲取商機和發展機會。《財富》雜誌評選的 100 家公司中有 71 家公司參加了 MPI。

MPI 主辦了會議專業工作者絕大多數的集會，其中包括世界教育大會（WEC：the World Education Congress）、北美專業教育大會（PEC-NA：Professional Education Conference North America）、歐洲專業教育會議（PEC-EU：Professional Education Conference Europe）等。MPI 開發的全球會議管理證書強化培訓項目（CMM：Certification in Meeting Management）透過讓其參與者學習特別設計的各種課程和進行練習，來提高他們的戰略思考、領導和管理決策的能力，為他們和其他有志於進入會議業的人士提供了繼續學習和提高的機會。目前，在世界範圍內已有 250 多名會議專業工作者獲得了這一證書。

六、專業會議管理人協會（PCMA：Professional Conference Manager Association）

專業會議管理人協會（PCMA）是一個非營利性的國際組織，1957 年成立於美國費城。2000 年，PCMA 將其總部遷移至芝加哥。該協會為協會經

理人提供了一個交流平臺，其使命就是透過提供高質量的教育來提升專業會議管理的價值與水平。

PCMA 從成立至今，該協會經歷了如下幾個重要的發展過程。

（1）1980 年，PCMA 會員投票決定將其會員範圍擴大到會議業的供應者，如酒店、會議與旅遊局、視聽公司等，並將其稱為附屬會員。

（2）1985 年，為了保證會議業的發展，培養出足夠數量的受過良好訓練的專業員工，PCMA 成立了教育機構。PCMA 教育機構從成立至今，教育範圍已涉及全球 90 多所學院和大學。該機構出版的一些參考資料，如《專業會議管理》已經第四次出版，被稱為「會議業的聖經」。該機構還透過幾項自學課程為會議業從業人員提供繼續教育培訓。

（3）1986 年，PCMA 開始發行該協會的刊物 Convene。在 1996 年，該雜誌被認為是會議業雜誌中「最具有資訊價值的」，並於 1997 年榮獲希爾頓榮譽獎。

（4）1987 年，PCMA 會員投票決定將其會員範圍擴展到科學、教育以及工程界。

（5）1990 年，PCMA 決定將其會員範圍擴大到所有非營利性協會會議策劃者與首席執行官。

（6）1992 年，PCMA 董事會同意設立分會。今天，PCMA 在美國與加拿大共有 16 個分會。

（7）1997 年 6 月，PCMA 設立了網站 www.pcma.org。

（8）1998 年，PCMA 會員同意給其內部章程增加附加條款，附加條款對組織的使命進行了修改，澄清了 PCMA 的核心任務在於為協會提供支持和教育。

（9）2000 年，PCMA 將其總部遷移至芝加哥。

PCMA 會員的類型包括：

（1）專業會員。專業會員所在的組織全部職責就是負責發展、組織與管理會議展覽業務，會費為 325 美元。

（2）供應商會員。該類會員所在的組織主要為與會議或展覽有關的業務提供產品與服務，會費為 450 美元。

（3）協會會員。該類會員主要為協會或非營利性組織的僱員、代理商或其他代表，會費為 165 美元。

（4）教師會員。會費為 195 美元。

（5）學生會員。會費為 40 美元（距畢業時間不足 6 個月的學生不允許申請學生會員）。

（6）分會會員。分會會員的會費為 30 美元。

七、專業會議組織者（PCO：Professional Conference Organization）

專業會議組織者又稱專業活動管理公司，簡稱 PCO，主要職能有：評估和推薦會議舉辦地點；幫助策劃會議及相關社會活動項目；為與會者預訂住宿和旅行機票；策劃與會議同時舉辦的展覽和展示會；編制預算和處理會議的全部財務問題，等等。

PCO 是會議的專業經營和代理機構，具有豐富的會議舉辦經驗和最先進的會議舉辦技術。PCO 一般參與客戶的招投標競爭活動，透過競爭接受客戶的委託，根據客戶的要求提供會議的「一條龍」服務，與此同時，委託單位要向 PCO 繳納一定的費用。

目前，PCO 所提供的服務內容極為豐富，除了一些基本的服務以外，有的 PCO 公司還提供一些能夠滿足客戶需要的特殊服務。儘管如此，PCO 為客戶提供的基本服務項目是必不可少的，主要包括以下內容。

（1）會議選址、預訂和聯繫；

（2）與會代表住宿的預訂和管理；

（3）活動的營銷，包括會議程序和宣傳材料的策劃、公關和傳媒的協調以及向管委會和董事會提交報告；

（4）發言人員的選擇和情況簡介；

（5）提供會議的祕書，以處理代表的登記事務、會議人員的招聘和情況介紹、協調代表的旅遊安排；

（6）組織展覽和展示，包括銷售和營銷；

（7）諮詢和協調視聽服務同活動的開展，包括提供多語種的翻譯服務；

（8）策劃會議的招待服務工作，聯繫要人、參加會議和宴會的人員，以及獨立的招待服務公司；

（9）安排社會活動、旅遊項目和技術性的參觀訪問；

（10）安排安全事務，諮詢健康和安全問題。

八、目的地管理公司（DMC：Destination Management Company）

目的地管理公司（DMC）是獎勵旅遊市場中的專業會議組織機構，其服務對象一般是國際性的會議舉辦方。DMC 作為一種地方特色的會議服務組織，一般具有其他組織所缺少的優勢，它們對舉辦地的情況較為熟悉，能夠為客戶提供諮詢服務，舉辦有創意的活動，並提供適合客戶需要的會議管理。由於 DMC 能提供專業性很強的服務，所以一些國際會議往往聘請它們作為會議的代理人。一般情況下，DMC 所收取的費用要高於普通的會議中介機構，因為它們提供的服務更有地方特色，更具有魅力和吸引力。

當某個單位想在某個特殊舉辦地組織一次獎勵會議時，最好是聘請當地的 DMC 來為其提供服務。這樣一來，舉辦單位就節省了許多成本，避免了不必要的麻煩。DMC 會為委託單位尋找會議地點、預訂客房、幫助安排交通工具、計劃旅遊線路和社會活動項目，有的 DMC 還為大會準備了獎品（當然，這些獎品的費用最終是由舉辦單位來付的）。在這裡，可以看出 PCO 和 DMC 的服務職能有許多是相同的，不過 DMC 的要求比 PCO 更加嚴格，

DMC 常常必須掌握 PCO 的某些專門知識，同時還必須具備為客戶提供特殊服務的本領。

九、國際會議與旅遊局協會（IACVB：International Association &Convention Visitor Bureau）

為便於會議旅遊局（CVB：Convention Visitor Bureau）之間互相交流資訊、提高會展業招徠與服務水平而成立的國際會議與旅遊局協會（IACVB），主要職責就是為其會員提供教育資源與網絡關係，並將會議業的資訊傳遞給大眾。IACVB 的使命就是要提高世界各地會議組織者的專業水平與形象。

IACVB 的網址為 www.iacvb.org，透過登錄該網站，可以瞭解到有關 CVB 的資訊，而且可以超連結到 IACVB 分布在世界各地的會員網站。IACVB 會將目的地的旅遊景點、設施以及服務等資訊提供在網站上，會議策劃者與旅遊者都可以透過登錄該網站而獲取相關的資訊。此外，在 IACVB 的網站裡設有一個被稱為會議資訊網路的數據庫，該數據庫記載了以往會議的資料。

IACVB 的功能還體現在以下方面：

（1）教育培訓。IACVB 為全球各地的目的地管理公司提供教育與培訓。

（2）績效評估。IACVB 有助於實現會議業務績效的標準化與評估數據的統計。

（3）品牌效應。IACVB 可以為世界各地目的地管理公司所提供的產品與服務建立一個值得信賴的品牌。

第二節 展覽的主要國際組織

一、國際展覽局（BIE：The Bureau of International Exposition）

國際展覽局（BIE）是專門監督和保障《國際展覽公約》的實施，協調和管理世界博覽會的舉辦並保證世博會水準的政府間國際組織，宗旨是透過協調和舉辦世界博覽會，促進世界各國經濟、文化和科學技術的交流與發展。

1928 年 11 月，31 個國家的代表在巴黎開會簽訂了《國際展覽公約》，該公約規定了世界博覽會的分類、舉辦週期、主辦者和展出者的權利及義務、國際展覽局的權責、機構設置等。《國際展覽公約》後來經過多次修改，成為協調和管理世界博覽會的國際公約。BIE 依照該公約的規定應運而生，行使各項職權。

BIE 總部設在巴黎，成員為各締約國政府。聯合國成員國、不擁有聯合國成員身分的國際法院章程成員國、聯合國各專業機構或國際原子能機構的成員國均可申請加入。各成員國派出 1～3 名代表組成 BIE 的最高權力機構——國際展覽局全體大會。該機構決定世界博覽會舉辦國時，各成員國只有一票資格。

BIE 目前共有 88 個成員國，下設執行委員會、行政與預算委員會、條法委員會、資訊委員會 4 個專業委員會。國際展覽局主席由全體大會選舉產生，任期 2 年。BIE 成員國遍布歐洲、北美洲、中美洲、南美洲、非洲、亞洲和大洋洲。1993 年 5 月 3 日，BIE 通過決議，接納中國為其第 114 個成員國。同年 12 月 5 日，在巴黎召開的 BIE 第 114 次成員國代表大會上，中國被增選為 BIE 資訊委員會的成員。1999 年 12 月 8 日，在法國召開的 BIE 第 126 次會議上，中國首次當選為執行委員會成員。

由 BIE 主辦的世界博覽會，是一項由主辦國政府組織或政府委託有關部門承辦的有較大影響、歷史悠久、水平最高的國際性展覽會。100 多年來，尤其是近幾十年以來，世界各國都積極爭辦世界博覽會，主要原因在於：一是主辦國可以把自己的產品和技術推向國際市場，開展國際貿易和技術合作，

尋求更大發展;二是可以擴大國際交往,提高主辦國的國際地位和聲譽;三是可以開闊眼界,學習別國的先進技術,拓展本國的發展途徑;四是帶動、促進主辦國的城市建設和經濟的發展;五是可以藉舉辦世界博覽會的商業機會獲得較好的經濟效益。

世界博覽會分為綜合性世界博覽會和專業性世界博覽會兩大類。綜合性世界博覽會是由參展國政府出資,在東道國無償提供的場地上建造自己獨立的展覽館,展示本國的產品或技術的世界博覽會。專業性世界博覽會是參展國在東道國為其準備的場地中,自己負責室內外裝飾及展品設置,展出某類專業性產品的世界博覽會。按照國際組織的規則評定,綜合性世界博覽會分為一般博覽會和特殊博覽會兩種;專業性世界博覽會分為 A1、A2、B1、B2 4 個級別,其中 A1 級為國際園藝博覽會,A2 級為國際專業展示會;B1 級為國內園藝博覽會,B2 級為國內專業展示會。

申辦世界博覽會的主要程序如表 8-2。

表 8-2 申辦世界博覽會的主要程序

程序	主要內容
申請	按BIE規定，有意舉辦世博會的國家要在舉辦前的9年內，向BIE提出正式申請，並繳納10%的註冊費。申請函包括開幕和閉幕日期、博覽會主題，以及組委會的法律地位。BIE將向各成員國政府通報這一申請，並要求他們自通報到達之日起6個月內提出他們是否參與競爭的意向。
考察	在提交初步申請的6個月後，BIE執行委員會主席將根據規定組織考察，以確保申請的可行性。考察活動由一位BIE副主席主持，若干名代表、專家及秘書長參加。所有費用由申辦方承擔。考察內容包括：主題、開幕日期與展期、展覽場地、面積(總面積以及可分配給各參展商面積的上限與下限)、預期參觀人數、財政可行性與財政保證措施、申辦方關於參展成本的預算及財政撥款的方法(以降低各參展國的成本)、對參展國的政策和保證措施、政府和相關組織的態度，等等。
投票	如果申辦國的準備工作獲得考察團的支持，全體會議將按常規在博覽會舉辦的8年之前選擇舉辦國家。如果申辦國不止1個，全體會議將採取無記名投票形式表決。若第一輪投票後，某申請國獲2/3贊成票，該國即獲得舉辦權。若任何申請國均未獲2/3贊成票，將再次舉行投票，每次投票中票數最小的國家被淘汰，隨後仍按2/3多數原則確定主辦國。當只有兩個國家競爭時，根據簡單多數原則確定主辦國。
註冊	獲得舉辦權的國家要根據BIE制定的一般規則與參展合約(草案)所確定的複審與接納文件對世界博覽會進行註冊。註冊申請應在舉辦前5年提交給BIE。註冊意味著舉辦國政府正式承擔起申請時承諾的責任，認可BIE提出的標準，以確保世博會工作的有序開展，保護各成員國的利益。BIE在收到註冊申請時，將向申辦國政府收取90%的註冊費，金額按BIE全體會議通過的規則確定。

表 8-3 列出了各屆世界博覽會的舉辦情況。

表 8-3 歷屆世界博覽會一覽表

舉辦年份	博覽會名稱	宣傳主題	參觀人數(人次)
1851	倫敦世界博覽會	萬國工業	6 300 000
1853	紐約世界博覽會	—	—
1855	巴黎世界博覽會	農業、工業和藝術	5 162 330

舉辦年份	博覽會名稱	宣傳主題	參觀人數(人次)
1862	倫敦世界博覽會	農業、工業和藝術	6 096 617
1867	巴黎世界博覽會	農業、工業和藝術	15 000 000
1873	維也納世界博覽會	文化和教育	725 500
1876	費城世界博覽會	慶祝美國百年獨立	8 000 000
1878	巴黎世界博覽會	農業、工業和藝術	16 156 626
1883	阿姆斯特丹世界博覽會	–	–
1893	芝加哥世界博覽會	紀念發現美洲400周年	27 500 000
1900	巴黎世界博覽會	新世紀發展	50 860 801
1904	聖路易斯世界博覽會	紀念路易斯安娜100周年	19 694 855
1915	巴拿馬太平洋世界博覽會	慶祝巴拿馬運河通航和舊金山建立	19 000 000
1926	費城世界博覽會	慶祝建國150周年	36 000 000
1930	列日產業科學世界博覽會	–	–
1933～1934	芝加哥世界博覽會	一個世紀的進步	22 317 221
1935	布魯塞爾世界博覽會	通過競爭獲取和平	–
1937	巴黎世界博覽會	現代世界的藝術和技術	31 040 955
1939～1940	紐約舊金山世界博覽會	建設明天的世界	45 000 000
1939	金門世界博覽會	–	–
1958	布魯塞爾世界博覽會	科學、文明和人性	41 500 000
1962	西雅圖21世紀世界博覽會	太空時代的人類	9 640 000
1964～1965	紐約世界博覽會	通過理解走向和平	51 670 000
1967	蒙特婁世界博覽會	人類與世界	50 306 648
1970	日本世界博覽會	人類的進步與和諧	64 218 770
1975	沖繩海洋博覽會	海洋—充滿希望的未來	3 485 750
1982	諾克斯威廉國際能源博覽會	能源—世界的原動力	11 120 000
1984	新奧爾良國際河川博覽會	河流的世界—水乃生命之源	11 000 000
1985	國際科學技術博覽會	居住與環境—人類居住科技	20 000 000
1986	溫哥華國際交通博覽會	交通與通訊—人類發展與未來	22 111 578
1988	布里斯本國際休閒博覽會	科技時代的休閒生活	18 574 476
1990	國際花與綠博覽會	花與綠—人類與自然	27 600 000

舉辦年份	博覽會名稱	宣傳主題	參觀人數(人次)
1992	塞維亞世界博覽會	發現的時代	41 814 571
1992	熱那亞國際船舶與海洋博覽會	哥倫布─船與海	1 694 800
1993	大田國際博覽會	新的起飛之路	14 005 808
1998	里斯本國際博覽會	海洋─未來的財富	10 128 204
1999	昆明世界園藝博覽會	人與自然─邁向21世紀	9 300 000
2000	漢諾威世界博覽會	人類─自然─科技─發展	18 000 000
2005	愛知世界博覽會	超越發展─大自然智慧的再發現	22 000 000
2006	杭州休閒世界博覽會	休閒─改變人類生活	20 405 500

資料來源：國際博覽局（2006）

二、國際展覽管理協會（IAEM：The International Association for Exhibition Management）

國際展覽管理協會（IAEM）成立於 1928 年，總部位於美國得克薩斯州的達拉斯市，是當今展覽業最重要的行業協會之一，管理和服務於全球展覽市場。IAEM 成員來自近 50 個國家，總數超過 3500 個。其使命是透過國際性網絡為成員提供獨有和必需的服務、資源和教育，促進展覽業的發展。

IAEM 的基本目標包括以下主要方面：一是促進全球交易會和博覽會行業的發展；二是定期為行業人員提供教育機會，提高其從業技能；三是發布展覽業相關資訊和統計數據；四是為展覽業人員提供見面機會，便於其交流資訊和想法。

IAEM 擁有的成員包括：展覽經理、準會員、商業機構成員、學生成員、教育機構成員、退休會員、分部成員等。IAEM 由 13 名成員組成的董事會領導。

IAEM 提供展覽管理的註冊培訓認證項目，即 CEM（Certified in Exhibition Management）的培訓認證項目。該培訓項目的必修課程包括：項目管理、選址、平面布置與設計、組織觀展、服務承包商、活動經營、招展。選修課程包括：展示會開發、計劃書制訂、會議策劃、住宿與交通、標書的

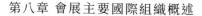

制定與招標。高級課程為：經營自己的業務（包括策劃與預算）、經營展會的法律問題、安全與風險問題、登記註冊、瞭解成人教育。高級課程專為取得 CEM 認證，並可能使用 CEM 培訓認證項目再去開展培訓認證的個人所開設。

三、國際博覽會聯盟（UFI：Union des Foires Internationales 或 UIF：The Union of International Fairs）

國際博覽會聯盟（UFI）是世界主要博覽會組織者、展覽場所擁有方、各主要國際性組織及國家展覽業協會聯盟，於 1925 年 4 月 15 日在義大利米蘭市由 20 個歐洲主要的國際展會發起成立的。目前已從代表歐洲展覽企業和展會的洲際組織，發展成為重要的全球性展覽業國際組織，代表著分布在五大洲近 80 個國家的 154 個城市的 237 個正式成員組織（其中 190 個成員為展會組織者，10 個成員為展館擁有者，37 個成員為展覽業的協會和合作者）。

UFI 沒有個人成員，只有團體成員，包括公司協會、聯合會等。UFI 吸收兩類成員：正式成員（Full Member）和非正式成員（Associate Member）。正式成員包括國際展覽會的一國或跨國的組織者（包括組織展會及提供展會服務的公司）、全國展會的組織者、非展會組織者的展館擁有者和管理者的協會，以及進行展會數據統計和研究的組織。UFI 的正式成員有權在它和它舉辦的經 UFI 認證的展會的所有印刷材料和其他宣傳材料上使用 UFI 的標誌，以反映企業和展會的質量。未經 UFI 認證的展會不得使用 UFI 的標誌。

此外，UFI 有一套成熟的展覽評估體系，對由其成員組織的展覽會和交易會的參展商、專業觀眾、規模、水平、成交量等進行嚴格評估，以此標準挑選一定數量的展覽會和交易會給予認證。國際博覽會聯盟認證（UFI Approved Event）是高質量國際展覽會的證明。由於 UFI 在國際展覽業中具有權威性，達到標準並被其認可的展覽會在吸引參展商、專業觀眾等方面

具有很大的優勢，它可以向展覽商和觀眾保證，它們能從專業化策劃和管理的展會中獲益。

中國目前已有 34 個展會企業和組織加入了國際博覽會聯盟（表 8-4）。

表 8-4 加入國際博覽會聯盟的中國會員

會員名稱	會員類型	所在地	加入時間
北京振威展覽有限公司	展會組織者	北京	2005
北京國際展覽中心	展會組織者	北京	2000
香港旅遊局業務開發部	展會合作商	香港	1999
中國展覽館協會	協會	北京	2003
中國貿促會紡織分會	展會組織者	北京	2002
中國商城展覽中心	展覽中心業主	義烏	2005
中國國際展覽有限公司	展會組織者	上海	2000
中國商務部投資發展處	展會組織者	北京	2005

會員名稱	會員類型	所在地	加入時間
中國國際貿易中心	展會組織者和展覽中心業主	北京	2004
中國國際貿易中心集團公司	展會組織者和展覽中心業主	北京	1988
CMP亞洲有限公司	展會組織者	香港	1995
中國機械工具和工具製造商協會	展會組織者	北京	1993
東莞名牌家具協會	展會組織者	東莞	2005
廣東現代展覽中心	展覽中心業主	東莞	2004
大連國際服裝博覽會有限公司	展會組織者	大連	2002
中國國家建築機械公司	展會組織者	北京	2000
香港展覽會議業協會	協會	香港	1998
香港會議展覽中心	展覽中心業主	香港	2001
香港貿易發展局	展會組織者	香港	2000
深圳會議展覽協會	展會合作機構	深圳	2004
蘇州國際博覽中心	展覽中心業主	蘇州	2005
廈門國際會議展覽中心	展覽中心業主	廈門	2004

資料來源：國際博覽會聯盟（2005）

四、世界場館管理委員會（WCVM：The World Council for Venue Management）

世界場館管理委員會（WCVM）成立於 1997 年。為促進公共集會場館行業內的專業知識提高和互相理解，它積極地致力於場館資訊和技術的交流和溝通。其現有協會成員是：會議場館國際協會（AIPC：Association Internationale des Palais de Congres）、亞太會展委員會（APECC：Asia Pacific Exhibition and Convention Council）、國際會議經理協會（IAAM：International Association of Assembly Managers）、歐洲活動中心協會（EVVC：European Association of Event Centers）、亞太場館管理協會（VMA：the Venue Management Association，Asia and Pacific，Limited）和體育場館經理協會（SMA：Stadium Managers Association）。

WCVM 的目標是：①有助於世界更好地瞭解公共集會場館行業；②鼓勵成員協會的互相幫助和合作；③促進有關公共集會場館管理專業資訊、技術和研究的分享；④推動成員協會之間的溝通，以提高全世界公共集會場館管理行業的知識水平和瞭解程度；⑤為成員協會提供與世界場館管理委員會所代表場館和個人直接有效的途徑和通道；⑥召開由 WCVM 主辦的週期性會議，以便分享與公共集會場館管理經營專業有關的資訊和教育／專業開發活動。

五、國際展覽運輸協會（IELA：International Exhibition Logistics Association）

國際展覽運輸協會（IELA）於 1985 年由來自 5 個國家的 7 個公司發起成立，1996 年增加到 36 個國家和地區的 73 個成員。IELA 總部設在瑞士，代表展覽運輸者的利益。協會設標準和職業道德委員會、海關委員會、組織者委員會、新聞委員會和會員委員會。該協會是在會展業不斷發展、展會越來越專業的形勢下成立的。協會的目的是使展覽運輸業專業化，提高展覽運輸的效率，更好地為展覽組織者和展出者服務，此外，為展覽運輸業提供一個交流資訊的論壇，向海關及其他部門施加影響。

六、國際場館經理協會（IAAM：International Association of Assembly Managers）

國際場館經理協會（IAAM）是比較「老」的場館協會，一些展覽場館和設施經理加入該協會。但是，由於這裡所指的場館主要是體育館，與展覽場館有所不同，因此，也有不少展覽場館和設施經理加入其他有關國際組織。

七、歐洲主要展覽中心協會（EMECA：European Major Exhibition Centers Association）

歐洲主要展覽中心協會（EMECA）於 1992 年成立，協會在 1993 年有 14 個成員，展場面積超過 200 萬平方米，每年舉辦 800 多個展覽會，約有 30 萬個展出者。該協會建立的目標包括加強歐洲會展業以展開與亞洲和美洲的競爭，簡化有關會展業的法規，協調展覽技術標準等。

八、亞太地區展覽會議聯合會（APECC：Asia Pacific Exhibition and Convention Council）

亞太地區展覽會議聯合會（APECC）於 1989 年在韓國創建，目前有會員 24 個。它每年舉辦一次年會，在主席、副主席領導下，下設祕書處、章程委員會、會員委員會、使用標準碼委員會、籌劃指導委員會。APECC 祕書處常設在漢城韓國展覽中心。其宗旨是：透過密切合作推動太平洋周邊地區會展業的發展，提高會員的商業利益。出版物有 APECC 新聞通訊、宣傳手冊等。該聯合會的資金主要靠會員入會費、會費、年費、出版物中的廣告費來籌集。

除上述會展管理組織以外，國際博覽會聯盟（UFI）、國際展覽會管理協會（IAEM）、國際園藝生產者協會（AIPH）和總部設在美國的貿易展覽商協會（TSEA）都是著名的會展管理組織。

九、CeBIT

以 CeBIT 全球展覽會為例，可以在世界的幾大重要和新興市場上，同時看到 CeBIT 的名字，如土耳其伊斯坦布爾（CeBIT Bilisim Eurasia plus

CeBIT Broadcast Cable and Satellite），中國上海（CeBIT Asia），澳大利亞悉尼（CeBIT Australia）和美國紐約（CeBIT America）等。

第三節 獎勵旅遊的主要國際組織

獎勵旅遊管理者協會（SITE：The Society of Incentive & Travel Executives）成立於 1973 年，是全球唯一的非營利性的、致力於綜合效益極高的獎勵旅遊產業的世界性組織。該協會為那些設計、開發、宣傳、銷售、管理和經營獎勵旅遊的機構提供教育研討會和資訊服務。目前獎勵旅遊管理者協會有 2 000 個會員，遍布 82 個國家，協會還在不同區域設有 28 個分會。協會會員主要來自航空公司、遊船公司、公司企業、目的地管理公司、地面交通公司、飯店、官方旅遊機構和旅遊公司。

獎勵旅遊管理者協會的會員享有的權利包括：獲得與分布在 82 個國家的 2000 個會員的聯繫方式；被列入協會的名錄；在參加獎勵旅遊管理者協會年會時享受優惠註冊費；能夠參加獎勵旅遊管理者協會在全世界的分會活動和教育培訓項目；在參加獎勵旅遊交易會時會獲得展示臺所需的獎勵旅遊管理者協會成員展示材料；可以在個人名片和公司信籤上使用獎勵旅遊管理者協會的標誌；有資格參加獎勵旅遊管理者協會水晶獎大賽；有機會獲得獎勵旅遊管理者協會認證的稱號；能以會員價訂購獎勵旅遊管理者協會的出版物，免費獲得獎勵旅遊管理者協會提供的研究報告。

獎勵旅遊管理者協會還設立了專門基金支持世界各地有關獎勵旅遊的課題研究，對世界獎勵旅遊的發展起了很大的推動作用。獎勵旅遊管理者協會在世界下列地區設立了它的分會：美國亞利桑那州、芝加哥、拉斯維加斯、明尼蘇達州、紐約、北加利福尼亞州、南加利福尼亞州、南佛羅裡達州和得克薩斯州、荷蘭、哥斯達黎加、澳大利亞、紐西蘭、比利時、盧森堡、加拿大、東非、德國、大不列顛、中國香港、愛爾蘭、印度尼西亞（在籌建中）、義大利、馬來西亞、馬耳他、葡萄牙、蘇格蘭、新加坡、南非、西班牙、泰國、土耳其。

第九章 國外會展業概述

▌第一節 國外會展業的發展概況

一、國外展覽業的發展概況

(一) 國外展覽業的發展概況

國外展覽業的發展已有很長歷史，其辦展內容、功能和展會的組織等方面已相當完備。歐洲是世界展覽業的發源地，經過 100 多年的積累和發展，歐洲展覽經濟整體實力最強，規模最大。德國、義大利、法國、英國都是世界級的展覽業大國。

其中，德國是世界展覽業的代言人。全世界 150 個重要的專業展覽會，有近 120 個是德國舉辦，稱其為世界展覽王國，名副其實。德國舉辦的這些權威性的展覽會深受參展商、專業觀眾的歡迎。德國會展業的世界代言人地位的造就，得益於以下幾方面：地處歐洲中部，交通條件便利；貿易展覽歷史悠久；是重要工業國，擁有潛力巨大的消費市場；能給參展商和參觀者提供高質量的展覽會，帶來巨大的經濟效益。同時，德國展覽業也是世界經濟全球化的受益者。

總的來看，德國展覽業具有以下先進特點：有全國性的行業協會——德國展覽業協會（AUMA）；展覽會擁有科學的法規和長期的計劃；組織者重視宣傳效果；德國政府注重展覽投資；會議、研究會和展覽相輔相成；展覽工作人員專業素質高，具備國際領先的服務水平。

英國展覽業的歷史可追溯到 1850 年代，經過 150 年的時間已發展成為一個很成熟的行業。英國展覽業的特點是完全市場化、規模小、專業性強、協會多、國際化程度高、展覽會內容以服務業為主。

北美的美國和加拿大是世界展覽業的後起之秀，舉辦展覽最多的城市是拉斯維加斯、多倫多、芝加哥、紐約、奧蘭多、達拉斯、亞特蘭大、新奧爾良、舊金山和波士頓。經濟貿易展覽會近年來在中美洲和南美洲逐步發展起來。

巴西、阿根廷和墨西哥的展覽業名列其中三強。除這三個國家外，其他拉美國家的會展經濟規模很小，很多國家尚處於起步階段。

非洲大陸的展覽經濟發展情況基本上與拉美相似。非洲展覽業主要集中於經濟較發達的南非和埃及。憑藉雄厚的經濟實力及有利的地理位置，南非和埃及的展覽業發展近年來突飛猛進，在整個非洲地區處於遙遙領先的地位。除南非和埃及外，整個西部非洲和東部非洲的會展經濟規模都很小，一個國家一年基本上舉辦一個到兩個展覽會，而且受氣候條件的限制，這些展覽會不能常年舉辦。

亞洲展覽業的規模和水平比拉美和非洲要高，是新興的世界展覽地區。該地區中，展覽業居前的是東亞的日本、中國，西亞的阿聯酋和東南亞的新加坡。

大洋洲的展覽業發展水平僅次於歐美，但規模則小於亞洲。該地區的展覽業主要集中於澳大利亞。

從歐美展覽強國的發展歷史和現狀看，不論是宏觀還是微觀方面，都有不少值得借鑑之處，主要規律和經驗包括：①展覽業隨著經濟的發展而發展，在不同經濟發展階段，展覽發揮不同的作用並有不同的展覽形式；②展覽業不能完全靠市場機制運作，要有行業規範，要有行業干預和協調機制；③展覽業的發展，需要政府支持和調控。

（二）國外展覽業的發展歷程

1. 國外展覽業的發源地

歐洲當之無愧是世界展覽業的發源地，具有十分悠久的歷史。據考證，早在公元 710 年，法國北部的聖丹尼省就舉辦了一個大型的展貿會，參展商多達 700 餘家。1170 年，地處中歐交通要道的萊比錫街頭開始出現商業性的集市，這便是著名的萊比錫博覽會的前身。到 15 世紀，法蘭克福、萊比錫和許多其他歐洲國家的城市相繼成為歐洲各國商品交換的中心。

一般認為，德國是世界貿易展覽會的發源地，也是當今世界第一會展強國。德國的展貿業可以追溯到中世紀。1240 年法蘭克福獲得神聖羅馬帝國的

授權舉辦第一屆秋季博覽會，並被當時的德國皇帝弗裡德克希二世正式下詔命名為會展城市，參展的客商也受到其保護。在法蘭克福，參展商擁有最高的商業自由，甚至有的商人曾有過犯罪行為，但在展覽期間也免予追究。這種特殊優惠政策為法蘭克福向一個國際性的會展大城市轉化打下了較好的發展基礎。1330 年，法蘭克福又獲得了一個展貿會的舉辦特權。1268 年，萊比錫也獲得特許權，可以每年舉行 3 次展貿會。1507 年，神聖羅馬帝國皇帝馬克西米連一世下詔，規定萊比錫周圍 15 德里的範圍內享有集市優先權。法蘭克福和萊比錫是德國歷史上的兩大展貿中心，14 ～ 16 世紀，尤其是法蘭克福，憑藉其位於萊茵河和美茵河交匯地區的優越地理位置和水運條件，成為手工業會和小商品經營者的理想展貿中心，直接帶動了整個城市的發展。從那時起，法蘭克福書展已經是世人皆知。

法蘭克福書展的開端是法蘭克福圖書市集。印刷術的興起使得 16 ～ 17 世紀時的法蘭克福，成為德國最重要的圖書貿易場所，其提供的服務不僅面向德國人，而且面向其他拉丁語系歐洲國家。書籍被成箱地運往法蘭克福，由來自各地的書商帶回本地銷售。除了圖書銷售外，法蘭克福更發展成為當時的知識中心。除了書商、印刷商之外，歐洲大學的教授、公立圖書館員、詩人、檔案室管理員、數學家和知識分子也現身市集。當時的古典文學研究學者埃斯蒂安還稱呼這裡是「市集學院」，因為在這裡可以直接聆聽許多大師的話語。

15 世紀末 16 世紀初，由於「地理大發現」的進展，世界各大洲的經濟及文化交流很快密切起來，形成連接大西洋、太平洋、印度洋的國際市場，人類經濟活動由於世界市場的出現第一次被廣泛聯繫在一起，經濟全球化自國際貿易中產生。哪裡市場需要，展貿會就出現在哪裡，從而形成了跨地區、跨國界發展的趨勢。

一般認為，18 世紀，展覽會開始從西歐向北美傳遞和擴散。這些展覽會剛開始主要集中在早期殖民城市波士頓舉辦。1765 年，美國第一個展覽會在溫索爾市誕生。1792 年，加拿大尼亞加拉聯邦的一個農業組織發起和舉辦了加拿大的第一個展覽會。北美展覽會起源於專業協會的年度會議，貿易性不及歐洲。起初，展覽只作為年會會議的一項輔助活動，是一種資訊發布和形

象性展示的活動，展覽會的貿易成交和市場營銷功能曾在很長一段時間裡並不為企業所重視。現在仍有許多美國展覽會與專業協會年度會議結合在一起同時舉辦。

2. 國外展覽業的發展基礎

國外展覽業是工業革命和經濟全球化的產物。1640 年開始的工業革命推動了歐洲的經濟發展，同時也促進了展覽業的極大發展。在大約兩個世紀的時間裡，展覽會經歷了急劇的發展過程，展覽業發生了巨大的變化。

（1）現代貿易展覽會階段

17 世紀的英國工業革命以及後來的比利時、法國、美國和德國發生的產業革命，推動了世界經濟的迅猛發展。在工業革命的推動下，歐洲工業展貿會紛紛興起。工業展貿會有著工業社會的特徵，不僅有嚴密的組織體系和極其豐富的工業交易品，而且將展貿的規模從地方擴展到國家乃至全世界。這一時期是近代展覽業的發展時期。歐洲發達國家的城市如萊比錫、法蘭克福、米蘭和里昂等地紛紛將其定期舉行的很多集市貿易發展成為較大規模的展貿會，並花費巨資建設展覽場館。

在工業革命的影響下，展貿會上的貨物交易變為樣品交易，標誌著展覽業進入現代發展階段，這一時期始於 19 世紀。18 世紀後許多西歐的展貿會都衰退了，唯獨萊比錫和東歐的展貿業得到發展。貿易自由化使得展貿會逐漸喪失特權，行業自由化發展、工業技術的發展以及交通手段的改善，使商人們無需在特定的時間、地點提供產品，而只需帶上樣品參展，拿走訂單，並透過工業化的生產及時提供交易產品。於是，展貿會開始調整他們的功能。

現代意義上的貿易展覽會最早誕生在德國。1894 年萊比錫舉辦的第一屆國際工業品博覽會不僅規模空前，吸引了來自各地的大批展覽者和觀眾，更為重要的是配合資本主義生產方式和市場擴張的需要，對展貿方式和宣傳手段進行了改革和創新——按照國別和專業劃分展臺，按照樣品看樣訂貨，展貿會逐漸有了一種「展覽」功能；參展商也逐步由貿易商為主轉變為以產品廠家為主，展貿會由此成為廠家推廣其產品的重要途徑。萊比錫第一屆國際工業品博覽會引起了展貿界的重視，歐洲各地紛紛效仿。自此，展覽業進入

了現代貿易展覽會階段。現代貿易展覽會與傳統廟會式展覽會的一個重要的差別是，現代貿易展覽會是以展出樣品為主的展覽會，具有開創意義。

（2）世博會的發展歷程

除了現代貿易展覽會，世博會是現代展覽會的又一個重要分支。世博會的產生是近代工業生產發展和資本商品投入國際市場競爭的結果。1840 年代，英國完成了工業革命。此時的英國堪稱「世界工廠」，工業總產值占世界工業總產值的 39%。1850 年，英國貿易占世界貿易總額的 35%，倫敦更是成為世界上第一個金融中心。處於鼎盛時期的英國為了擴大貿易，展現英國工業的成就，在維多利亞女王的丈夫阿爾伯特親王倡議下，決定舉辦一屆「偉大的萬國博覽會」（The Great Exhibition of Industries of All Nations）。為了吸引各國參展，維多利亞女王發出外交邀請函，最終有 10 個國家接受邀請。

1851 年 5 月 1 日，世界博覽會正式開幕，開幕式當天就有 25 000 人入場參觀。女王和親王蒞臨開幕式。博覽會分原料部分、機器部分、產品部分和工藝部分。在占地 9.6 萬平方米的展區中，僅展覽用的桌子就連綿 13 公里。博覽會上展出了 14 000 件展品，涵蓋了當時幾乎工業文明的全部內容，如引擎、水力印刷機、紡織機械等。來自世界各地的珍品也陳列其中，如一塊 24 噸重的煤塊，一顆來自印度的大鑽石……值得中國人關注的是，當時廣東人徐瑞珩把自己經營的中國特產「榮記湖絲」以個人名義送去參展，引起了轟動，還奪得維多利亞女王頒發的金、銀獎牌各一枚。

到 10 月 15 日世博會結束時，參觀的人數達到了 630 萬人。英國人也從這屆博覽會中獲得了 17 萬英鎊的直接收入。透過這屆世博會，人們看到了工業革命給人類生產和生活帶來的巨大而深刻的變化，正如恩格斯所評價的那樣，「1851 年的博覽會給英國島國的閉塞性敲起了喪鐘」，世博會強有力地打破了島國的閉塞性，也迅速有力地打破了歐洲大陸所有工業國的閉塞性。

從性質上和形式上看，倫敦世博會是一個全新的展覽會，與 1894 年萊比錫第一屆國際工業品博覽會一樣，英國倫敦世博會成為現代展覽會形成的又一標誌。現代科技展覽會、宣傳展覽會等都是在世界博覽會的基礎上發展

成型的。另外，世界博覽會也是許多國際活動和國際組織的先驅，並直接導致國際評獎、國際會議等活動的產生。世界博覽會對藝術和產品設計、國際貿易關係甚至旅遊業的發展都造成了巨大的推動作用，並產生了良好的經濟效益和深遠的社會影響。在此之後，各國競相爭辦類似的展覽會，從整體上影響了西方世界的經濟和社會生活。

倫敦世界博覽會啟動了博覽會在世界各地輪流舉辦的進程。看到英國舉辦世界博覽會的成功，大西洋彼岸新興的美國不禁躍躍欲試。時隔兩年，即1853年，美國在紐約舉辦了第二屆世博會。美國人仿照英國也建了個水晶宮，由於設計及施工不良嚴重漏水，結果部分展品毀壞，觀眾也被淋濕，成為英國人的笑柄。該屆世博會雖然號稱有23個國家參加，但在5公頃的土地上展示的4854項展品，只有23項來自其他國家。另外，世博會管理的混亂還導致了嚴重的財政虧損。儘管如此，歐洲人還是從這屆博覽會上看到了美國的成功之處和新大陸的無限前景。這次博覽會新增了農業機械產品和農業優良品種的展示，使美國的西部開發得到了宣傳的良機。美國由於財力日趨雄厚，加上擴大對外貿易的需要，因此舉辦世界博覽會的願望也最為強烈。從1853年到1984年，美國舉辦了10次世博會，成為舉辦世博會最多的國家。

在歐洲大陸，法國與隔海相望的英國一直互相較勁。早在1798年，即法國大革命當年，已經征服歐洲大陸的拿破崙為了迫使英國就範，想了一個法子：在巴黎舉辦一屆博覽會，「共和國工業產品展（Exposition Publique des Produits de I'Industrie）」。這是世界上第一個由政府組織的國家工業展覽會。當時，英國有著巨大的工業優勢，英法貿易嚴重不平衡。法國把工業發展視為民族生存的條件，把國家工業展覽會作為促進工業發展的手段。因而法國國家工業展覽會具有很強的政治色彩，是一種宣傳鼓舞性質的展覽會，也邀請各國提供各種工商業產品參加展出，只要有比英國展品好的，就可以獲得獎賞。第一屆法國工業展覽會有110家廠商參展，時間為3天，主要展出了法國當時最新的工業產品。到1849年止，法國政府陸續舉辦了11屆國家工業展覽會，規模越辦越大。最後一屆參展者數為4 532人，展出時間為180天。以往展覽會基本是地方或地區規模，國家工業展覽會將展覽會的規模擴大到國家，有利於展示和瞭解國家工業的整體水平，顯示成就和促

進發展。1820 年後，許多國家模仿法國舉辦國家工業展覽會。由於當時保護主義盛行，各國為自身生存而發展工業，視他國為威脅，與其競爭，因此國家工業展覽會基本沒有外國參展者。

拿破崙三世上臺後，啟動了大規模的巴黎重建計劃，並於 1855 年舉辦了第三屆世界博覽會。在這屆巴黎世博會上，首次展出了混凝土、鋁製品和橡膠等新產品。另外，崇尚藝術的法國人還開創了博覽會開設藝術展的先河。法國從這屆博覽會上瞭解到本國工業的實力已經達到自立的地步，可以放手和別國競爭，於是開始推行自由貿易政策，由此推動了 19 世紀法國工商業的興旺，這也是巴黎世界博覽會的重要影響之一。巴黎堪稱世界博覽會之都，曾先後 6 次舉辦世博會。其中 1889 年的巴黎世界博覽會誕生了舉世聞名的埃菲爾鐵塔。

在 150 多年中，每一屆世界博覽會都反映了當時政治、經濟、文化和科技的發展水平及其成就，同時也展示了人類社會經濟發展的前景，提出了人類社會所面臨的重大問題，成為人類文明成果的展示舞臺。世界博覽會因而被譽為「經濟、科技與文化界的奧林匹克盛會」。在現代展覽業中，貿易展覽會以商業為目的，舉辦主體主要是企業；而世博會主要是國家主辦，保證了博覽會的文化和科學特徵。

簡單回顧世博會的發展歷程，不難發現世博會是工業時代的產物。工業革命的直接成果是工業產品愈加豐富，但在交通、通訊等資訊交流手段相對滯後的情況下，世界上必須有一個互相展示與交流工業成果的場所，世博會應運而生。因此，最初的世博會也僅僅是展示各國商品的場所而已，1851 年倫敦世博會上中國的湖絲，1906 年義大利世博會上中國江蘇的頤生酒，1915年在美國舊金山世博會上中國的刺繡、貴州茅台酒、張裕白蘭地等獲獎也就不足為奇。也正是因為世博會是工業時代的產物，因此早期世博會主要集中在工業革命先行的發達國家也就理所當然了。

3. 國外現代展覽業的發展歷程

現代展覽業也表現出對經濟全球化的強大推動力。現代貿易展覽會和世博會的出現，推動了世界貿易和經濟的發展。直到第一次世界大戰前，展覽

會、博覽會成為發達國家爭奪世界市場的場所。為了適應市場變化，擴大對外貿易，展覽會和博覽會改變過去單純的商品展示方式，採用樣品展示、邀請專業貿易人員參加觀摩、進行期貨貿易等方式，以達到擴大市場份額的目的。全世界對於博覽會的熱情空前高漲，在英國倫敦、法國巴黎等地接連舉辦的世博會，創造了工業、貿易乃至建築的奇蹟。在德國也產生了萊比錫、法蘭克福等世界知名的會展城市，使其會展業得到迅速的發展。隨後而來的兩次世界大戰停止了一切。

(1) 兩次世界大戰期間的展覽業發展

一戰後，綜合性質的貿易博覽會獲得了很大發展，成為展覽的主導形式。

法國於 1916 年舉辦了「里昂國際博覽會」，有 1342 個展出者，其中 143 個是外國展出者。1917 年舉辦了第二屆，有 2169 個展出者，其中 424 個來自外國。戰後，1919 年舉辦了第三屆，有 4700 個展出者，其中 1500 個來自外國。貿易展覽會和博覽會的作用和效益在大戰期間和大戰後得到證實。於是，貿易展覽會和博覽會便以非常快的速度在歐洲普及，並形成體系。在德國，從 1919 年至 1924 年，貿易展覽會和博覽會的數量從 10 個增加到 112 個。1924 年全歐洲有 214 個貿易展覽會和博覽會。大規模的綜合性展覽會除了有經濟流通的功能外，還有展示工業整體規模和發展水平的作用。

但是，這一時期的貿易展覽會和博覽會的發展超出了經濟需要的規模，展覽界稱之為「博覽會流行病（fairs epidemic）」。各地都希望舉辦自己的貿易展覽會和博覽會，結果導致展覽會數量過多，展出水平和經濟效益下降。有些低質量的展覽會在一段時間後自然地被淘汰了。但是，展覽業混亂的局面未得到根本改善。展覽業界因此感到必須共同努力，透過組織形式來建立展覽業秩序。

1924 年，國際商會在巴黎召開了國際展覽會議。在此基礎上，民間性質的國際展覽聯盟（UFI：Union des Foires Internationales）於 1925 年在義大利米蘭成立。UFI 原為法文 Union des Foires Internationales 的縮寫，是「國際展覽聯盟」的名稱，英文寫作 Union of International Fairs。關於 UFI 的讀音，在相當長的一段時間裡，也是按照法文字母的發音，將 U 讀

成「烏」，而不讀成英文字母的「優」。在 2003 年 10 月 20 日開羅第 70 屆
會員大會上，該組織決定更名為全球展覽業協會（The Global Association
of the Exhibition industry），仍簡稱 UFI。UFI 是迄今為止世界展覽業最
重要的國際性組織，總部設在法國巴黎。國際展覽聯盟成立後，制定了一系
列展覽規章制度，在國際範圍內採取了一系列措施，維護展覽業的正常秩序。
在許多國家的支持、配合下，經濟貿易展覽走上正常的發展道路。

　　一戰後，世界展覽業還發生了兩件大事，即國際展覽管理協會（IAEM）
和國際展覽局（BIE）的成立。而前者與 UFI 在國際展覽界均享有盛譽，被
認為是目前國際覽覽業最重要的行業組織，兩者現已結成全球戰略夥伴，共
同促進國際會展業的發展與繁榮。

　　為了進一步制止這一時期展覽業的混亂狀況，一些國家政府建議舉行一
次國際會議，專門討論建立世博會管理的規範制度。1928 年 11 月 22 日，歐
洲 31 個國家政府代表出席了在巴黎舉行的國際會議，討論世界博覽會的管
理問題，並共同簽訂了《1928 年國際展覽會巴黎公約》。這是第一個關於協
調和管理世博會的建設性公約，規定了世博會的舉辦週期、舉辦者和組織者
的權利與義務。在此基礎上，1931 年在巴黎成立了國際展覽局（Bureau of
International Expositions）作為公約的執行機構，致力於為世界各國政府
舉辦世界博覽會建立正常的秩序。中國於 1993 年正式成為國際展覽局成員
國。

　　隨著第二次世界大戰的到來，展覽行業的狀況又發生了改變。大多數展
覽停辦，能源、資源都用於龐大的軍需。政府對各行各業都進行了管制，從
尼龍到「不必要的旅行」。

　　兩次世界大戰導致世界各主要國家建立起貿易壁壘，使得各國不得不依
靠國內市場建立內向型經濟以維持國家的經濟運轉。作為促進經濟發展的一
個重要手段，綜合性貿易展會和博覽會獲得了很大的發展，主要特徵表現為
展會為綜合性、國家（或地區）性。

　　（2）二戰後的展覽業發展

第二次世界大戰之後，世界進入一個相對穩定的和平時期，綜合性質的貿易博覽會再次發展起來。一批因戰爭而停辦的展覽會和博覽會重操舊業，為世界經濟復甦注入了勃勃生機。當時世界著名的「米蘭博覽會」、「萊比錫博覽會」和「巴黎博覽會」，被譽為連接各國貿易的三大橋樑。這一時間的貿易展會和博覽會由綜合性向專業化方向發展，主要表現為參展商的專業化和觀眾的專業化。同時，展會越來越普遍地伴之以講座、研討會、報告會等，以促進資訊和技術的交流。

　　二戰後德國的許多展覽場地也遭到轟炸破壞，需逐步重建。1946 年萊比錫在前蘇聯軍事管制的同意下，舉辦了戰後第一個展覽會，由此成為社會主義國家中某種意義上的「資本主義孤島」，並成為後來廣州「出口商品交易會」的榜樣。1947 年漢諾威會展中心第一次舉辦出口交易會，並很快成為德國商品及工業製造發展的窗口。1949 年，法蘭克福舉辦了第一個戰後展貿會；1950 年，奧芬巴赫開始有皮製品展；而慕尼黑則開始了手工業製品展覽。伴隨著戰後各項設施的迅速重建、全球經濟貿易活動的繁榮以及兩德的合併，德國又重新樹立起會展業大國的形象，並一直保持著良好的發展態勢。

　　1950 年代是美國展覽行業的振興時期。美國戰後經濟的飛速發展，極大地刺激了依託戰時技術發展起來的新興工業，如電腦、電信技術、新型紡材、塑料等，這些商品的市場都需要直接面向它們的終端消費者，展覽成為買賣雙方建立聯繫的最簡便、最經濟的手段之一。展覽會與博覽會為科技成果在國際生產領域的應用和傳播造成了不可低估的作用。

　　進入世界經濟高速發展的 1960 年代，專業性質的貿易展覽會成為展覽主導形式。第二次世界大戰後，技術更新和經濟發展速度加快，工業分工越來越細，新產品層出不窮。1945 年到 1966 年，市場上出現了約 400 萬種新產品。這使包羅萬象的綜合貿易展覽會和博覽會很難全面、深入地反映工業發展情況和市場需求。同時，龐大的展覽會不僅使組織變得困難，而且使參展者和參觀者都感到不方便。因此，貿易展覽會和博覽會開始朝專業化方向發展。

　　在 60 年代，許多綜合性的展覽會都不同程度地轉為專業性展覽會。一些綜合性的展覽也已被細分為若干個專業展，如漢諾威工業博覽會就是由機

器人展、自動化立體倉庫展、鑄件展、低壓電器展、燈具展、儀器儀表展、液壓氣動元件展等專業展組成的。同時，專業消費展覽會也從專業貿易展覽會中分離出來。消費展覽會向公眾開放，展示消費品並直接向觀眾銷售。這種展覽會的主要作用是透過與消費者的直接接觸來瞭解消費的趨勢。另外，消費展覽會也是一些消費品銷售的主要渠道如住宅，遊艇等。世界上許多國家，特別是發達國家大舉建設大型展覽中心，並大量擴充從業人員隊伍，國際展覽業形成了龐大的產業規模。

1970 年代和 80 年代，酒店裡進行的短期性的展覽逐漸增多，一些會展在古老的、長期閒置的「標誌」建築中進行，還有一些是在城市中心地區舉行，如芝加哥大體育館、麥迪遜廣場公園、紐約中央公園和大西洋城會議大廈等。

1990 年代以來，以資訊技術為核心的新一輪科學技術革命使世界市場的時空距離大大縮短，為全球貿易的開展提供了更為便捷的手段。網路技術不斷完善，網上會展日漸推廣，電子商務日益普及。透過國際互聯網，使用虛擬技術組織的虛擬展覽會為現代會展的發展注入了新的生機與活力。1996 年 11 月，由英國虛擬現實技術公司和英國《每日電訊報》電子版聯合舉辦了世界上第一個虛擬博覽會。包括美國 IBM 公司在內的世界各國約 100 家電腦公司參加了展出，展期為一年。自此，網上展覽作為展覽的一種新形式，在發達國家開始發展起來，在中國也初露端倪。

可見，展覽會的功能由貨物交易、展銷逐漸發展到今日的資訊交換、展示，在產品銷售活動中起著重要作用。以歐洲為發祥地，現代展覽隨著世界經濟的發展和對新技術、新產品的需求日臻成熟，並在全球範圍內蓬勃發展，形成了以歐洲和美國為龍頭，以亞太地區為強大新生力量的全球化產業，擁有了全球性的行業組織國際展覽局和全球展覽業協會。

二、國外會議業的發展概況

按照國際大會和會議協會（ICCA）的統計，每年全世界舉辦的國際會議中，參加國超過 4 個、參會外賓人數超過 50 人的各種國際會議有 40 萬次以上，會議總開銷超過 2 800 億美元。

國際協會聯盟（UIA）每年都對全球會議市場進行統計研究，為國際會議市場發展趨勢做出綜合評估。成為 UIA 研究評估的對象，需要滿足以下幾個條件：有國際性組織參加，且該國際性組織出現在 UIA 的「國際組織年報」上；與會人數 300 人以上；外國與會人士占全體與會人數 40% 以上；至少有 5 個國家參加；會期 5 天以上。

從各洲舉辦會議的數量與市場份額來看，歐洲一直占據重要地位（表 9-1）。統計表明，歐洲和美國是世界會議產業最發達的兩大地區。

表 9-1 全球各洲所舉辦的國際會議占全球市場的份額（1954 ~ 2005 年）
單位：%

洲名	1954	1968	1974	1982	1992	1999	2000	2002	2003	2004	2005
歐洲	74	70	65	65	61	57	56.19	58.8	58.3	56.8	57.3
北美	11	12	14	14	14	16	17.17	9.9	14.9	13.9	20.4
南美	8	5	5	5	6	5	5.12	3.8	6.0	6.4	
亞洲	4	8	9	11	12	13	13.08	17.6	12.9	14.9	14.6
非洲	3	3	4	3	5	5	4.03	5.6	4.8	4.8	4.8
大洋洲	1	1	3	3	2	4	4.1	3.8	3.1	3.2	2.9

資料來源：UIA（2005）

從各國舉辦國際會議的數量和市場份額來看，美國近年來一直排在世界首位，法國、英國、德國、義大利、西班牙則一直位居前列。同時，一些新興的政治與經濟後起之秀正在趕超老牌的會議強國，特別是亞洲的一些新興國家正在奮起直追（表 9-2、表 9-3）。

美國作為世界最大的國際會議主辦國，其航空客運量的 22.4%、飯店入住率的 33.8% 來自國際會議及獎勵旅遊。

亞洲地區的日本、中國香港、新加坡則是國際會議市場近年來發展較快的國家和地區，特別是香港已成為亞洲會議產業的「大哥大」，其國際會議日程已排到 2008 年以後。

表 9-2 全球國際會議主要舉辦國排名（1954 ~ 2005 年）

排名	1954	1968	1974	1988	1992	1999	2000	2001	2002	2003	2004	2005
1	法國	法國	美國	美國	美國	美國	美國	美國	美國	美國	美國	美國

排名	1954	1968	1974	1988	1992	1999	2000	2001	2002	2003	2004	2005
2	瑞士	美國	英國	英國	法國	法國	法國	英國	法國	法國	法國	法國
3	美國	德國	法國	法國	英國	英國	英國	法國	英國	德國	德國	德國
4	義大利	英國	瑞士	德國	德國	德國	德國	德國	德國	義大利	英國	英國
5	英國	瑞士	義大利	義大利	西班牙	義大利	義大利	義大利	西班牙	英國	西班牙	義大利
6	德國	義大利	德國	澳洲	荷蘭	荷蘭	澳洲	西班牙	義大利	西班牙	義大利	西班牙
7	荷蘭	比利時	比利時	荷蘭	義大利	澳洲	荷蘭	比利時	比利時	瑞士	瑞士	荷蘭
8	巴西	奧地利	奧地利	瑞士	比利時	西班牙	西班牙	澳洲	澳洲	比利時	比利時	澳洲
9	比利時	荷蘭	以色列	比利時	瑞士	比利時	比利時	荷蘭	加拿大	澳洲	澳洲	瑞士
10	奧地利	西班牙	加拿大	西班牙	日本	奧地利	瑞士	瑞士	荷蘭	荷蘭	中國及港澳地區	比利時

資料來源：UIA（2005）

表 9-3 國際會議舉辦國家的市場份額（2000～2005 年）

排名	2000		2005	
	國家	所占百分比(%)	國家	所占百分比(%)
1	美國	13.81	美國	11.61
2	法國	6.70	法國	6.59
3	英國	6.50	德國	4.58
4	德國	6.26	英國	4.31
5	義大利	4.56	義大利	4.27
6	澳洲	3.82	西班牙	4.11
7	荷蘭	3.69	荷蘭	3.81
8	西班牙	3.51	澳洲	3.51
9	比利時	3.31	瑞士	2.99
10	瑞士	2.59	比利時	2.70

資料來源：UIA（2005）

　　與 2003 年相比，2004 年除了亞洲會議數量在以 14.9% 的比率增長外，全球其他各洲的會議數量呈下降趨勢（表 9-4）美、歐諸國雖仍位於 2004 年十大國際會議國家前列，但所占的國際會議市場的份額，已分別下降 11% 和 22%。亞洲迅速崛起是因為新加坡、中國香港、泰國等國家和地區擁有其發達的交通、通訊等基礎設施，較高的服務業發展水平、國際開放度，以及較為有利的地理優勢。

表 9-4 國際會議的市場區域分布

地區	2004年市場份額(%)	比2003年增長率(%)
歐洲	56.8	−11
北美洲	13.9	−6
亞洲	14.9	14.9
南美洲	6.1	−16
非洲	4.8	−11
澳洲	3.2	−2

資料來源：UIA（2005）

　　由於需要考慮會議總成本，所以，到達目的地的交通、會議代表距離目的地的距離、所需要的旅行時間、交通費用等，都是目的地選擇的考慮要素。因此，鄰近國家和地區往往是首先考慮的目標。多數亞洲國家之所以成為受歡迎的目的地，是緣於其相鄰的國家或地區，如中國內地是香港第一位的會議目的地，馬來西亞是新加坡的會議目的地，而紐西蘭又是澳大利亞的會議目的地（表 9-5）。

表 9-5 亞太地區最受歡迎的會議目的地

調查反饋者的國家和地區	第 1		第 2		第 3	
	國家	比例(%)	國家	比例(%)	國家	比例(%)
香港	中國大陸	53	新加坡	32	北美	28
新加坡	馬來西亞	49	印尼	34	中國大陸	20
澳洲	紐西蘭	18	新加坡	17	北美	17
印尼	新加坡	70	澳洲	33	香港	30
日本	北美	46	香港	22	歐洲	20
馬來西亞	泰國	45	新加坡	32	印尼	27
菲律賓	香港	52	北美	39	新加坡	35
泰國	新加坡	30	香港	32	北美	22

資料來源：亞太會議市場報告（1995）

　　從各大城市舉辦會議的情況來看，歐洲以擁有眾多會議城市而著稱。無論從數量還是市場份額，維也納、巴黎、布魯塞爾、倫敦，一直位居世界前列（表 9-6、表 9-7）。

　　法國一年舉辦的國際會議有近一半是在巴黎進行，會議每年為巴黎帶來 7 億多美元的經濟收入。法國首都巴黎因此享有「國際會議之都」的美譽。

　　表 9-6 國際會議舉辦城市的排名（1953 ～ 2005 年）

排名	1954	1968	1974	1988	1992	1999	2000	2001	2002	2003	2004	2005
1	巴黎	巴黎	巴黎	巴黎	巴黎	巴黎	巴黎	巴黎	巴黎	巴黎	巴黎	巴黎
2	日内瓦	日内瓦	倫敦	倫敦	倫敦	布魯塞爾	布魯塞爾	倫敦	布魯塞爾	維也納	維也納	維也納
3	倫敦	倫敦	日内瓦	馬德里	布魯塞爾	維也納	倫敦	布魯塞爾	倫敦	日内瓦	布魯塞爾	布魯塞爾
4	羅馬	布魯塞爾	布魯塞爾	布魯塞爾	維也納	倫敦	維也納	維也納	維也納	布魯塞爾	日内瓦	新加坡
5	布魯塞爾	史特拉斯堡	羅馬	日内瓦	馬德里	新加坡	新加坡	新加坡	新加坡	倫敦	新加坡	巴塞隆納
6	紐約	維也納	紐約	西柏林	日内瓦	柏林	雪梨	日内瓦	哥本哈根	新加坡	哥本哈根	日内瓦
7	維也納	羅馬	維也納	羅馬	阿姆斯特丹	阿姆斯特丹	柏林	柏林	巴塞隆納	巴塞隆納	巴塞隆納	紐約
8	阿姆斯特丹	紐约	華盛頓	雪梨	新加坡	哥本哈根	阿姆斯特丹	首爾	日内瓦	哥本哈根	倫敦	倫敦
9	哥本哈根	墨西哥城	西柏林	新加坡	華盛頓	雪梨	日内瓦	哥本哈根	柏林	柏林	柏林	首爾
10	海牙	西柏林	都柏林	華盛頓	巴塞隆納	華盛頓	哥本哈根	雪梨	雪梨	羅馬	首爾	哥本哈根

資料來源：UIA（2005）

表 9-7 國際會議舉辦城市排名的市場份額

排名	2000 年		2005 年	
	城市	所占比例(%)	城市	所占比例(%)
1	巴黎	2.93	巴黎	3.28

排名	2000 年		2005 年	
	城市	所占比例(%)	城市	所占比例(%)
2	布魯塞爾	2.21	維也納	2.74
3	倫敦	2.07	布魯塞爾	2.11
4	維也納	1.66	新加坡	1.98
5	新加坡	1.31	巴塞隆納	1.81
6	雪梨	1.28	日內瓦	1.80
7	柏林	1.19	紐約	1.44
8	阿姆斯特丹	1.15	倫敦	1.43
9	日內瓦	1.11	首爾	1.15
10	哥本哈根	1.09	哥本哈根	1.09

資料來源：UIA（2005）

在亞洲，根據國際會議協會 ICCA 的統計，2003 年舉辦國際會議前 10 名的亞洲城市分別是新加坡、曼谷、中國香港、首爾、北京、中國臺北、名古屋、東京、大阪和上海（表 9-8）。新加坡，2000 年被國際協會聯盟評為世界第五大會展城市，並連續 17 年成為亞洲首選會展舉辦地城市。中國香港和澳門地區已躋身 2004 年全球十大會議城市行列，而中國內地憑其廣闊的市場與經濟發展潛力，逐漸成為亞洲地區的新秀。中國香港連續 10 年被英國著名雜誌《會議及獎勵旅遊》評為「全球最佳會議中心」，每年在香港舉辦的大型會議超過 400 個，來自世界各地的與會人員達到 7 萬人，國際形象不斷得到強化。

表 9-8 亞洲地區舉辦國際會議前 10 名城市排名（2003 年）

名次	城市	會議數量
1	新加坡	30
2	曼谷	27
3	香港	22
4	首爾	21
5	北京	16
6	台北	12
7	名古屋	10
8	東京	9
9	大阪	9
10	上海	7

資料來源：中國會展經濟發展報告（2004）

相關連結

美國展覽業呈現新趨勢

　　隨著經濟全球一體化的進程，更多的企業直接參與國際市場競爭。參加美國國際性會展，尤其是參加美國國際行業的展覽與會議，是企業瞭解美國及國際市場的重要方式，也是拓展美國及全球市場的最重要途徑。美國在世界經濟的主導地位使全球企業都把美國作為參展的首選地。

　　每年美國各地的展覽會召開極為頻繁。在全美範圍內，每星期都有不同規模和不同行業展覽會。美國主要展覽會的分類為禮品展（Gift Show）、玩具展（Toy Show）、五金展（Hardware Show）、汽車展（Automobile Show）、遊艇展（Boat Show）、電腦展（Computer Show）、成衣展（Apparel Show）、時裝展（Fashion Show）、食品糖果展（Food & Confection Show）、消費電子展（Consumer Electronic Show）、工業電子展（Industrial Electronic Show）、電器用品展（Electric Product Show）、運動器材展（Sport Goods Show）、文具展（Stationary Show）、酒店餐廳用品展（Hotel and Restaurant Supply Show）、紀念品展（Souvenir Show）、辦公用品展（Office Product Show）、雜貨

展（Variety Merchandise Show）、贈品展（Premium Show）和切貨展（Surplus Show）等。

這些展覽會對於美國企業來說也相當重要。無論公司大小，都可以透過展覽會拓展銷售網，接觸平時銷售人員所不能接觸到的客戶，這也是建立品牌形象的最佳場合。美國的展覽調查公司統計指出：美國一個行業性的展覽會，全部觀展者中，平均有 50% 的觀展者抱著購買產品和瞭解發展新趨勢的目的，15% 的人對此行業有興趣。10% 的人只對某個參展商有興趣，9% 的人是為了參加技術和教育性的研討，10% 的人為了獲得技術和產品資訊。而且，按行業不同，有 54% 到 89% 的觀展者是平時銷售員接觸不到的客戶。這些觀展者一般在 8 到 10 個星期後還會回憶起參展商，而且他們的購買意圖最長可持續到兩年以後。在美國，無論公司或個人，有效溝通都受到重視，情商的功效更勝於智商的功效。幾乎每個美國公司展臺都會擺上糖果或其他免費的小禮品，任人自取，其親近感和輕鬆解乏的功效自然顯現。

透過「貿易展認證」和被批准為「國際購買商項目」的美國展覽會具備較高的組展水平和辦展質量，但是由於美國各個行業都存在激烈的競爭，一般來說，存在了三年以上的展覽主辦者就算是成熟的業者。美國的會展場地大多面積大，而且是上下兩三層樓，易於使人疲勞和迷失方向，有的展覽一天都看不完，因此，靠近出口的位置（Corner Booth）總是參展者選擇的熱點，雖然價格比其他展臺貴 100 美元到 200 美元。美國展覽會的規模都很大，從頭走到尾再加上停留談話的時間要花幾個小時，參觀者很可能因為疲勞而不光顧最後幾排的展位。因此居中的數排展位是理想的選擇。

在美國，對於個人或企業的參觀展覽人士來說，參加展覽會的費用是一項很大的支出。不計算旅行住宿及其他的費用，中等以上規模的展覽門票價格即要 100 美元到 300 美元不等。因此，各類觀展的人都會使自身的時間和費用得到最大化利用。有平均高達 94% 的觀展者表示展覽會對他們很有用。

美國的展覽會之多令人眼花繚亂，展品包羅萬象。展覽會有地區性的、全國性的和國際性的。比如每年在曼哈頓的國際玩具展和芝加哥的五金展和電子消費品展，都是相當有影響力的，也是亞洲地區企業參加最多的展覽會。參加這種國際性商展的參展商大多是生產廠家，相關設備及原材料供貨商和

大型出口商；買方，即大多數觀展者，來自於大的批發商、進口商、零售連鎖商和有關採購機構。鑒於參展費用大，雙方都會有充足的準備，而且在這種展覽會上拿到的訂單，多半是要儘早交貨的，因此供貨商要有充足的貨源或準備能力。全國性的展覽會一般是跟行業具體相關的。全美共有 280 多個上規模的行業協會。每年它們都在固定的時間和地點有規律地舉辦全國或地域性的展覽會。這種展覽會召集與本行業直接相關的買賣雙方參展，因此有號召力並且實用。其他地域性展覽和零售展覽規模較小，參展商多為美國企業及批發商。譬如在美國現在也有中國出口商品博覽會名義的展覽，行業人士認為這基本上是當地一個規模較小的地區華人工商展覽，參展商主要是當地的一些做中小生意的華商，並不值得中國進出口參展商跨海而來。

「九一一」事件以後的幾年來，美國貿易展覽業的環境與以前相比，已經有了很大的不同，特殊情況造成了一種特殊的會展氣候。人們一度感到，貿易展覽會不再可能給參展商帶來足夠的參展市場回報。這場「風暴」的到來取決於紐約華爾街經濟走勢。當經濟開始滑坡後，許多公司減少商業購買合約的簽約，停止僱用工人，並迅速套取大量的現金和保持核心資產。這樣一來，會展在經濟發展之中產生擺動，最終導致惡性循環。

美國展覽業目前正面臨以下情況和趨勢：

參展商的重新簽約率下降。許多參展商並不急於就展覽會上的展位與組展單位簽約，對展覽會的積極參與意識也不如從前了，重新預訂展位的比率減少已是大勢所趨。展覽會人數在下降的事實，使參展商感受不到立即簽約或者失去展位的壓力。同時，這也是美國展覽業流行協同辦展的原因之一。

展覽會中的會議越來越少。展覽會中的會議越來越少已經成為一個不爭的事實。由於觀眾與參展商人數減少，展會就不必要提供已經安排好的許多項目的服務。同時，展覽會管理者因為減少會議而惡化了參展環境，這樣就使參展者沒有積極性去主動參與。值得注意的是，作為展會管理者必須不斷對展覽會及會議安排進行適時的更新，比如，有的展覽會會議原來是 3～4 天，而現在也縮短成 1～2 天。

新的展覽會增長勢頭減弱，新投資運營的展覽會越來越少。以前一個新的展覽會如果沒有 300～400 個展位，會被認為不值得舉辦。但是現在一般新的展覽會擁有展位在 75～100 個左右，新展會主要集中在一些合適的細分市場方面。會展業的環境一再表明，一個新展會的運作在第一年至第二年會面對一個很困難的時期。

參展商簽約參展的預留時間縮短。2001 年年初的時候，參展商在參展前的簽約情況良好，在展會舉辦前 9 個月支付展位費 50%，在參展前 3 個月把參展商的全部展位費付清。2002 年年底以來情況就有所不同，展會主辦單位讓參展商提前簽約展位，參展商即使簽約也不超過 3 個月。這種情況造成了展會主辦單位資金困難，無法統計展會的參展規模，也沒有可靠的資金保障。

出版公司正在出售展會項目。這雖不是一個全球化的趨勢，但在 2002 年以來美國會展業中表現突出的是，許多出版公司欠下大量的債務。它們想透過拋售展會項目得到現金來清債。根據美國《展覽》雜誌報導，從 2001 年 10 月到 2002 年 2 月，僅有 3 個展覽會是媒體舉辦的，到了 3 月份以後，幾乎全是商業性會展公司在運作展會了。

同一時間或地點舉辦的「套展」可能性增加。會展業的專業人士發現，當某一展會與另一展會出現排期與地點相同而且與本行業相關時，誰是誰非就說不清了。從某種意義來說，「套展」表明了一個展會是另一個展會的部分縮影，或者說是受到其他同一體系展會的影響的另一個展會。一直注意吸收對方的經驗可以使本來優勢明顯的展會辦得更好，但作為模仿一個較強展會的「套展」一般很難成功。

消費類展會走勢堅挺。消費類的展會使人們有機會走出門，並且有一個娛樂的地方，這是消費類展會在經濟不景氣的背景下保持不衰的原因。例如紐約一個 4 口之家在展會一天的花費，僅僅相當於看兩小時電影的費用，況且消費類展會中可選擇的娛樂活動更讓人們感興趣。這種展覽會的參展人數一直能夠得到保證，並且在很多地方增長很快。

併購熱潮。據 JEGI（即總部設在紐約的 The Jordan Edmiston Group 公司）透露，2005 年上半年美國共舉辦了 15 次展覽會和會議併購活動，交

易總額高達 18 億美元，這一數值與 2004 年同期的 11 次併購、5.05 億美元的交易額相比，增長了 2.5 倍。其中，比較有影響的併購包括 T&F 以 14 億美元收購 IIR Holdings 公司（註：該公司每年舉辦 400 多個會議和 10 個業內頂尖的展覽會）、Hanley Wood 展覽公司以 6.5 億美元賣給 JP Margan Partners 等。

（資料來源：崔婕 . 談中國企業如何透過商品展覽進入美國市場）

▎第二節 國外會展業的發展模式

一、國外會展業的發展模式

目前，國際上會展業的發展模式，按照政府、市場和企業之間的關係，主要可歸納為三種：以美國、英國為代表的「完全市場化發展模式」；以德國為代表的「混合經濟發展模式」（綜合模式）；以中國內地為代表的「政府主導型模式」。這三種模式是混合經濟體制下會展業的不同表現。

純粹形式的自由放任經濟和命令式的計劃經濟都存在著這樣或那樣的問題，因而在現實中並不存在，所有現實的經濟體制在某種意義上都是上述兩種制度混合而成的，即混合經濟（mixed economy）。混合經濟是指既有市場調節，又有政府干預的經濟。不過，由於政府和市場混合的程度不同，有的國家靠近計劃經濟（比如朝鮮），有的則更靠近完全自由的市場經濟（比如美國）。不過，多數國家或地區的經濟體制朝著市場經濟方向調整，主要透過市場機制的作用配置資源、調節經濟運行；在這一經濟體制中，同時也運用了計劃這一調控手段，國家對宏觀經濟活動進行預測、規劃和指導，規範微觀經濟，使其符合宏觀經濟發展目標，引導市場經濟的發展方向。

在中國，政府主導會展經濟是一大特色。政府主導型展會在會展業乃至整個國民經濟的發展中造成了不可替代的重要作用。尤其是像廣交會、糖酒會、科博會、義博會、中國—東盟博覽會等一些重大的會展項目更是如此。全國政府主導型展會儘管在數量上仍是少數，但對國民經濟的拉動作用卻占到整個會展業的 70% 以上。可以說，對經濟發展相對滯後、會展業起步較晚的中國國內各城市來說，如果沒有政府主導型展會的先導和示範作用，就不

會有今天如此迅猛發展的會展業。在相當長一段時間內，中國國內大多數展覽會的辦展模式仍是政府部門和協會主辦、展覽公司承辦。

但從另一個方面看，政府主導型展會所產生的負面影響也是不可忽視的。主要表現為：政府投入資金的利用率不高、效益不好；辦展機構內部缺少應有的活力和創新機制；政府與民爭利，形成不平等競爭；如果監督不力，容易產生腐敗現象；有些政府投入力量過大的展會，還會導致政府工作重心錯位，影響機關工作的正常進行等。所幸的是，各級政府及業界人士已經認識到這一弊端，並透過不斷加大市場化運作來減少政府直接操作的行為。所以，對於一些專業展覽會，比如紡織、機械、消費電子等，政府就不宜參與。但是像世博會或者其他綜合性的展會，公司辦不了或不願辦就應該由政府來運作。下面主要介紹國外的會展業發展模式。

（一）完全市場化發展模式

以美國、英國為代表的完全市場化運作模式是消費者導向型市場經濟模式，又稱自由主義的市場經濟模式。它十分強調會展企業（市場力量）對促進經濟發展的作用，依靠會展市場供求關係，自動調節會展業。這種市場模式的特點是推崇企業家精神，崇尚市場效率而批評政府干預，會展服務要素有較高的流動性。政府進行調控與否往往以是否有利於消費者利益為目標，而較少從生產者角度出發。

在會展業完全市場化運作模式中，政府的支持亦不可缺少。比如，美國政府透過實行「貿易展認證計劃（TFC）」和設立「國際商購買項目（IBP）」等措施，實現對展覽會的質量和組展水平的監督，有效地確保了會展知識產權保護工作的開展，從而使貿易展覽成為促進美國企業發展的重要手段。

比如政府推銷。美國商務部、美國駐成都總領事館於 2003 年 9 月 15 日至 16 日在成都銀河王朝大酒店舉辦「2003 年美國新產品樣本跨國展覽會」，傳遞新產品專業資訊。不同於其他貿易會或展覽會，美國公司送展的是他們的產品說明書，有的還有錄影帶和光盤。參加展會的來賓瀏覽這些資訊，尋找自己感興趣的產品或公司，然後留下聯繫方式。美國商務處將把有關的中國公司名單轉給美國公司。美國政府扶持本國中小型企業發展的重要舉措，

已經實行近 10 年，此類展覽會經常在亞洲的中國、泰國、菲律賓等國家巡迴展出。這樣的活動對中小企業而言意義重大，因為它們有別於大公司，沒有龐大的廣告和市場預算來幫助其開發新市場。美國商務部以龐大的機構和財政預算來幫助美國中小企業在有潛力的國際市場尋求商業機會，每年有詳細的展覽計劃。各州政府有不同的促進機構，佛羅裡達州採用了半官方的商務展覽公司來專門負責市場推廣及招商引資，保證最優化地利用政府撥款，減少企業支出。

又比如，美國大部分展覽中心都是公有。儘管許多公有會展中心是損失大戶，地方政府作為所有者直接管理，仍然可以獲得某些關鍵利益。首先，展覽中心的經營可以更好地體現政府發展區域經濟和特定產業的意圖。其次，控制展覽場地市場可以作為展覽市場宏觀調控的手段。

完全市場化發展模式中，政府對會展業發展起補充作用，政府永遠遠離辦展的市場主體。不過協會辦展得到大力倡導。這一點在美國體現得尤其明顯，其直接表現就是美國有國際展覽管理協會（IAEM）和獨立組展者協會（SISO）。前者的會員主要是參與辦展的各個協會。存在相同利益的會展企業自發形成、自願參加行業協會，當它們在發展過程中碰到同行業內部價格上的相互傾軋與產品質量問題時，會展行業協會用行業自律的方式規範市場行業秩序。顯然，在這種背景下所成立的行業協會，其動力源就在於企業本身，政府對此既不干預，也不予資助。行業協會為企業提供技術與資訊服務，協調政府、企業、消費者之間的關係。同時，實力強勁的行業協會，如美國商會、美國製造商協會與聯邦政府、議會都保持密切聯繫。當政企發生矛盾時，這些行業協會組織會尋求議會的支持與介入。

（二）混合經濟發展模式

以德國為代表的「混合經濟發展模式」是一種政府行政作用參與其中、大型會展企業充當市場主體的模式，其突出特點是強調政府的推動作用。在這種模式下，很難分清是企業還是政府起了主導作用。「混合經濟發展模式」可以說是企業和政府合力推動的產物。比如，德國會展業發達的原動力首先來自於政府的高度重視和支持。德國政府對展覽業的支持力度很大，許多城市的政府官員普遍將展覽業作為支柱產業加以扶持。更與眾不同的是，

德國的六大展覽公司幾乎全是由政府控股，而且都擁有自己的場館。比如，漢諾威展覽公司的兩大股東——下薩克森州政府和漢諾威市政府，就分別持有 49.8% 的股權；法蘭克福展覽中心市政府占 60% 股份。根據德國財政統計上的定義，國家股份占 100% 的為純國有企業，超過 50% 但不足 100% 的為多數參股企業，高於 25% 但低於 50% 的為少數參股企業。1988 年後政府推行國有企業私有化政策，國有企業的數目較大幅度減少。但不難發現會展業絕對是德國私有化浪潮的一個例外。與其他市場化國家不同的是，德國政府不但採取法律和規章來干涉企業行為，而且透過企業國有化來實行政府對會展經濟的直接干預。

二、歐美會展發展的特點及其內部差異

受歷史傳統和文化因素的影響，世界各國的展覽會都具有明顯的地域特點和不同的辦展風格。從總體上看，歐美展覽會的質量、貿易效果和辦展水平都高於其他地區，代表了當今世界會展業發展的最高水準。對細微之處進行比較，歐美展覽會在辦展方式和展覽會風格方面又形成各自顯著的特點。以下主要論述歐美會展業的發展水準。

第一，歐洲的展會明顯具有數量多、規模大的特點。據統計，每年在歐洲舉辦的貿易展覽會約占世界總量的 60%，而且歐洲展會規模巨大，參展商數量和觀眾人數眾多，絕大多數世界性和行業頂級展覽會都在歐洲舉辦。在這方面，德國堪稱最典型的代表。世界著名的國際專業性貿易展覽會中，約有三分之二都在德國舉辦。按營業額排列，世界十大知名展覽公司中，也有六個是德國的。

第二，歐洲展覽會的國際性遠遠勝過其他地區。世界各國的展覽會數量很多，但是稱得上世界知名的展覽會卻不多。很多國家的展覽會只能在本國、甚至在城市周邊地區有一定的輻射力。而參加歐洲展覽會的參展商和參觀者來自世界各地，展覽會影響早已超出國界和地域的限制，成為名副其實的國際盛事。每年，德國舉辦的國際性貿易展覽會就有近一半的參展商來自國外。美國雖然是世界經濟強國，但展覽會的國際性遠不及歐洲。在大多數情況下，美國展覽會更多地是為了滿足美國各州間貿易往來的需要。在美國展覽會上，

最活躍的交易是在批發商和零售商間進行，外國參展商的成交常常是小批量的，單個合約成交額一般都小於歐洲。

歐美展覽會間產生這種差別的原因主要是，與北美的美國和加拿大相比，歐洲各國地域相對狹小，各國企業進行本國市場營銷的目標群和產品的購買群也相對較小。因此，歐洲企業傳統上就十分重視國際貿易，一直積極活躍在國際市場上和國際貿易領域內。此外，歐洲市場屬於非同質性混合型市場，市場內每個國家都有不同的語言和文化背景、文化傳統。在這種情況下，歐洲企業如選擇透過電話聯繫的方式或透過印刷、發布和直接郵寄產品廣告宣傳材料的方式進行市場營銷，費用相對較高。而歐洲貿易展覽會有效地把各地的推銷和購買商吸引在一起，既方便成交，又能節省費用，所以受到參展商和參觀商的共同青睞。據統計，在歐洲貿易展覽會上，平均約有 30% ～ 40% 的觀眾和參觀商來自展覽會舉辦地以外的國家。質量高、數量大的專業觀眾反過來刺激了各國參展商的參展慾望和參展熱情，使歐洲展覽會的國際化程度不斷提高。

因此，在選擇歐洲展覽會和確定參展目標時，就不能把眼光和考慮問題的著眼點僅僅盯在展覽所在的國家上，而應充分考慮歐洲展覽會的國際影響力。比如，在做出是否到德國參加展覽會的決定時，不能僅僅考察德國市場的容量，還應把展覽會所能影響到的國家的市場也充分考慮在內。歐洲展會所覆蓋的市場容量是多國的和寬範圍的。許多參展商在談到利用展覽會開拓歐洲市場時，都有這樣的心情體會：開拓義大利市場，不一定非得到義大利去參展；去德國參展，下單最多的不一定總是德國公司。意外的收穫是常有的。

而美國自身的市場容納力和消費能力就很強，是內需型市場。由於市場輻射力的限制，美國的知名展覽會數量相對較少，規模也較歐洲的同類展覽會小。美國展會的專業觀眾中進口商、大批發商不多，零售商占很大的比例，影響了國際參展商的積極性，因此參展商主要以本國企業居多。美國展覽會特點是以美國參展商為主、規模也不小，但觀眾質量參展參差不齊，成交效果一般。但由於美國市場容量巨大，美國展覽會對國外參展商的吸引力仍然不小。

　　第三，相比其他地區的企業，歐洲企業對展覽會的重視和利用程度最高。由於北美展覽會的貿易性不及歐洲，因此貿易展覽會在歐洲企業開展市場營銷和貿易促銷中所發揮的作用大於其在北美所發揮的作用，從而導致歐美企業對展覽會的重視和利用程度也存在較大的差異。據統計，歐洲企業編制市場營銷費用年度預算中，用於參加展覽方面的費用約占總預算的五成；而美國企業用在這方面的費用所占比例不到兩成。

　　第四，歐美辦展的內部分工形式不同，從而形成德國式辦展模式與美國式辦展模式的區別。德國式辦展模式是指展覽場地和展覽設施擁有者可以同時是展覽會的主辦者和組織者，他們曾在很長一段歷史潮流時期成為辦展主體。同時，展覽市場上，還有為數不少的專業商協會組織和專業展覽組織者，他們可以向展覽場地所有者租用展覽場地。不過在歐洲也有例外，比如法國和德國就不一樣，法國展覽公司不擁有場館，而場地公司不組織辦展，也不參與其經營。法國的會展業人士堅持這種做法，認為能夠促進展覽公司之間的公平競爭，也有利於場館公司專心做好自己的場館服務工作。

　　歐洲的展覽館或會展中心一般都由專門的博覽局來管理和經營，它們既出租展館，又擁有自己的專業展覽服務部門，自己舉辦展覽會，還可以向其他展覽會組織者和參展企業提供諸如道具租賃和展館施工等相關展覽服務。在歐洲這些機構一般全部或部分地由政府控制，展館所在的州政府或市政府常常透過控股的方式實現對展覽館的控制。

　　美國式辦展就有很大的不同。美國展覽場地的所有者與展覽會的組織者截然分開，展覽館出租展覽場地和設施，沒有自己的展覽項目，而展覽會組織者一般沒有自己的展覽館，辦展時需要從展覽場地的所有者那裡租用展覽館和相關設施。

　　美國大部分會展中心都屬公有。在全美面積超過 2 500 平方米的會展中心中，大約 64%（243 個）的會展中心屬於地方政府所有。在長期的產業發展過程中，形成了三種各有特點的公有會展中心管理模式：政府管理模式、委員會管理模式和私人管理模式。

政府直接管理模式是在地方政府成立大會和參觀者事務局（CVB：Convention & Visitors Bureau），負責管理公有會展中心。在此模式裡，展覽會組織者預定展覽場地需要到 CVB 事先登記，而不是去會展中心。儘管某些服務也外包給專有承包商，但 CVB 一般都有管理隊伍，包括市場營銷、銷售和公共關係人員。在很長時期內，政府管理的市政會展中心透過提高停車價格和提供更多的專有服務等方式，增加收入和贏利。雖然政府管理模式有利於政府獲得某些重要的利益，但是也會帶來會展中心經營績效低下、市場機制扭曲等問題，不利於會展產業的長遠發展。從美國的情況來看，拉斯維加斯和芝加哥等最重要的會展城市都已不實行這種模式。

美國某些地區在公有會展中心的管理中實行委員會管理模式，即由地方議會或政府成立一個單獨的非謀利管理委員會經營公有會展中心，對議會或政府負責。委員會管理往往比政府管理更有效。由於經營自主和收入獨立，由一個管理委員會管理的展覽中心，可以更少地受到政府採購和城市服務需求的限制。不過，從企業治理的角度來看，委員會管理模式下存在著激勵不足的問題。很多時候政府還是要充當救火隊長，補貼公有會展中心經營的損失。芝加哥市政府每年都把旅館房間稅收的 2.5% 轉移給麥考米克展覽館。同時，委員會管理模式還存在官僚主義等弊病。

私人管理模式就是將公有會展中心的管理業務外包給私人會展管理公司。這是一個難以逆轉的積極趨勢。私人管理模式具有政企分開，經營自主，效率激勵等許多公認的優勢。私人管理公司愈來愈多地從市政府那裡贏得公有會展中心的經營權和管理權。當然，對地方政府而言，將公有會展中心交給私人公司管理也有一定風險，有可能失去對其謀利動機的控制。由於不能排除異地辦展的內在衝動，且所辦展覽會未必適應當地產業發展規劃，私人管理公司利潤最大化的經營可能不符合城市發展的整體利益。

第五，歐洲會展業在經濟生活中的影響力大，歐洲絕大多數國家的政府都十分重視會展業的發展，政府對會展業的支持力度超過美國。

在歐洲，展覽會近乎家喻戶曉，展覽舉辦地市民常常可以輕易向你一一列出一年中要舉辦的展覽會名稱和大致時間。展覽會舉辦期間，外國遊人劇增，外來流動人口增多，於是，賓館和飯店常常爆滿，地鐵和公共汽車等市

內交通吃緊。為保證展覽會順利進行，政府部門常常主動採取一些設施，出面協調有關部門的工作，共同做好展覽會的接待。比如，城市交通警察在展覽會期間會增派人員，延長工作時間，重視現場疏導，保持道路暢通；城市公交部門增開公交車輛，臨時增加從市中心各主要地段到展覽館的公交線路，機場大巴則不停地往來穿梭於機場和展館之間，以方便來自各地的參展人員參加展覽會。展覽館的設施安排也儘量齊全、方便，展館內常設有郵局、銀行、藥店、賓館等服務設施。在漢諾威，整個城市猶如一個巨大的展館，各種服務機構和設施是按照方便展覽、服務於展覽的原則安排和設立的，展覽會在經濟生活中的影響由此可見一斑。

第六，歐美展覽會運作方式不同。從具體的辦展方式比較，歐美展覽會在展區劃分與展位分配、展臺設計與展位搭建、展品運輸與報關、展期安排等方方面面，都存在一定的差別。

首先，在展區劃分方面有區別。

由於歐洲展覽規模較大，對於一個觀眾來說，要想在有限的幾天展出時間內把整個展覽會都認真而細緻地參觀一遍，既無必要也不可能。為進一步提高展覽會的專業水準，方便專業客戶根據自己的需要選擇參觀專業展區，目前絕大多數歐洲展覽會都按展出商品的類別劃分展區，實行分類展出。這種方法無疑給展覽會組織者增加了巨大的工作量，但實踐證明，它能很好地提高展覽會的專業水平，便於買賣雙方的貿易洽談，從而提高了展覽會的貿易性、展示性效果和知名度。這是許多歐洲展覽會備受世界各地參展商和觀眾歡迎，推動展覽會規模越辦越大的重要原因之一。

歐洲展覽會的組織者在分配展位時，習慣採用「祖父」原則，即連續參展商可以提出在下一屆展覽會繼續展出同類商品、租用同一展位的申請，連續參展商的要求將被優先考慮和滿足，甚至擁有長期和永久性展位。例如，在漢諾威舉辦的電腦展上，展會組織者專門將一個館租給 IBM 等大公司建立永久性展臺，該展館每年只在展覽會舉辦期間使用一次。

這種按展出商品的類別劃分展區的展位分配方法給一些參展企業和專門組織企業集體出國參展的各國組展單位帶來一定困難。如果參展商經營的

商品類特別多，如一些綜合性貿易公司，他們或者選幾種商品參加某一個展覽會，或者同時參加多個專業館的展出，IBM 曾在 CeBIT 展上同時參加五個專業館的展出。組展單位組織企業集體參展（Joint-Participation 或 Group-Participation）遇到的問題會更大一些。當組展單位向展會組織者申請攤位時，展覽會需要先上報參展商品的類別，但由於組展單位尚未開始招展或招展尚未結束，就很難給出一個明確的答覆。在這種情況下，組展單位只能憑估計申請攤位或等招展結束後再申請攤位，這很可能使組展單位不能申請到合適的、位置比較理想的展位。

正是由於此類現象的存在，歐洲展覽會在實行按專業類別劃分展區時，一般都還劃出綜合館或稱國際館，供組展單位組織的企業展出。組展單位從追求整體形象考慮或為簡便從事，可選擇國際館綜合展出。目前，中國一些組展單位在國內企業參加歐洲展覽時，已開始嘗試把參加企業按參加商品類別分配到不同專業館，參加專業館展出，以充分利用歐洲展覽會專業性強的優勢，提高展示效果和貿易成交效果。

申請攤位時，歐洲展覽的展位租金相對比美國高，具體的收費標準要依不同的展覽會和展位的具體位置而定。展位的不同類型，如一開面展位、兩開面展位、三開面展位等，收費標準不盡相同；展位所處的樓層，如一層、二層、三層等，收費價格也不一樣。一般而言，一層展位要加收額外的費用。

其次，在展臺設計與施工方面存在較多差異。

美國展覽會的展覽傳統上是用桿柱和五顏六色的圍布搭成，因此過去歐洲企業在美國參加展覽時，常常把美國展覽會的展位戲稱為「彩色尿布」（colorful diaper）。美國常把展臺或攤位稱之為「booth」，歐洲則習慣稱之為「stand」。歐洲展覽會的展臺搭建使用最多的是鋁合金標準展架。用這種展架搭建的展位，四周都是硬板實牆，參展商可以在牆壁上掛圖片及其他重量輕的展品。歐洲展覽會的展臺大多建在離地 2 英吋的平臺上，電源線一般鋪在平臺下面，不必像美國展覽會那樣設法把電源包起來。

在歐洲，國外參展商自行設計和搭建展臺時，可以選擇展覽會所屬專業施工公司、展覽會指定或推薦施工公司，也可以自帶或選擇其他施工公司。

歐洲各國勞動法對勞務使用的規定不盡相同，但從總體上看，參展商在展臺施工方面比美國具有更大的靈活性和自主權。例如，在德國，外國參展商可以開車把展臺搭建所需的建築材料和道具直接送到展館內，自己搭建展臺；到許多國家搞展覽會都是自帶工人自行施工布置，既方便又省錢。但在美國，展臺搭建必須由美國施工公司負責進行。特別是美國的勞工法很嚴格，規定現場施工、搬運都必須僱用美國工人來進行，每個工種不能互相替代，現場都有工會人員進行監督，如有違背，工會就會立即出面干涉，自行施工和搬運視為非法；而且費用較高，特別是節假日或加班，有時還要支付雙倍工資。美國對展覽工作有許多文件規定，大多數城市的展覽場館對展品進館、海關報關、展臺搭建、現場施工、平面布置和運輸等工作都有規章制度。所以到美國參展的道具設計要簡潔，安裝方便，這樣可以節省人力和時間。

歐洲展覽設計施工公司的業務範圍比美國同行要廣。它們可以承擔展臺設計、裝修、施工等工作，甚至還承接展品裝卸和開箱等業務。歐洲展覽會不像美國展覽會那樣，在展覽會現場設立專門的勞務與服務供應處。歐洲展覽會的現場展臺施工工作都由設計施工公司派往現場的工人完成。如果工期緊張，人手不夠，他們常常打電話到公司總部要求增派工人，而不是像美國展覽會那樣在現場勞力與服務供應處臨時僱傭勞務。

由於歐洲展覽會規模較大，因此展覽會允許的施工時間和撤展時間一般都比美國展覽會長。在歐洲，大型展覽會的組織者可以允許參展商在展覽會開幕前 3～4 周開始施工，撤展時間也可以延至展覽會結束後的 2～3 周。

再者，在展品運輸與報關方面，美國習慣用「drayage」來表示專項運輸服務，是指展品到達港口或機場後，參展商需要指定專門運輸公司負責把展品從港口或機場運抵展館指定位置。這個概念對歐洲人來說十分陌生。在歐洲，選擇了運輸代理公司，他們就可以為展品辦理報關手續，同時還負責把展品從港口或機場直接運抵展館指定位置，展品運輸和報關業務可以由一個公司來完成，不像美國那樣分得那麼清，由不同的公司分開來進行。

最後，在展覽會展期方面，歐洲的展覽會展期一般長於美國的展覽會，一般都有 4 天的展出時間，還有不少展覽會的展期達到一週或一週以上。每天的展出時間一般從上午 9 點或 9 點半直至下午的 6 點半或 7 點，每天開館

9～10 個小時。歐洲展覽會展期和每天開館時間長的原因與展覽會的規模較大有關。參展商在展臺設計、裝修和其他各項參展準備工作上花費了大量的時間和精力,希望有足夠的時間來發揮其應有的作用,而且參展商需要有足夠的時間來接待從四面八方湧來的觀眾商和專業購買商。展覽會主辦者、展館、城市交通、旅遊及賓館飯店等行業和部門也都需要較長的時間來分散人流,做好觀眾的接待工作。

歐洲展覽會雖然貿易性很強,但一般都安排專門的時間來接待普通公眾。展期為 4 天的展覽會,開幕時間一般安排在星期四、星期五連續兩天對專業客戶開放,星期六和星期天則擴大到面向普通公眾開放,以提高普通民眾對展覽會的參與度和關注度,這或許正是歐洲展覽會為社會各界所重視,在社會經濟生活中具有重要影響的原因之一。

相關連結

瑞士國雖小而會展聞名世界

瑞士是人口只有 700 多萬的內陸小國,但每年舉辦的國際會議超過 2 000 個,因會議而帶來的外國遊客超過 3 000 萬人。每年 1 月份在瑞士東部山區小鎮達沃斯舉行的世界經濟論壇,有來自世界各地的政界、經濟界要人和新聞媒體人員共 3 000 多人出席會議。隨著與會者層次的提高和論壇影響的不斷擴大,達沃斯論壇被稱為「非官方的國際經濟最高級會談」,並已成為世界政要、企業界人士研討經濟問題最重要的非官方聚會的場所。

瑞士每年舉辦近 200 個全國性和國際性展覽,其中國際知名的展覽有:世界「五大車展」之一的日內瓦車展、世界最大的鐘錶珠寶展──巴塞爾鐘錶珠寶展等。除了一些定期的展覽外,一些不定期的國際展會也經常在瑞士舉辦,如為中國企業熟知的國際電信展、歐洲精細化工展等。

2004 年,瑞士共舉辦 160 多個全國性和國際性展覽,其中面向專業人士的展覽 60 個,面向大眾的主題展覽 66 個,綜合展 39 個,展覽面積 161.8 萬平方米。4 萬多家企業參展,其中瑞士參展商 3 萬多家,國外參展商 1 萬多家。參觀者 650 萬人次。展臺出租收入 2.43 億瑞士法郎。2004 年瑞士展

覽行業全職從業人數為 793 人，其中行政管理人員 255 人，市場營銷人員 274 人，技術服務人員 264 人。

瑞士的會展業主要由瑞士展覽協會和瑞士貿易促進中心進行協調和促進。

瑞士展覽協會的主要職能是促銷、宣傳和協調。尤其是面對其他國際會展中心城市的競爭，協會加強了對瑞士會展場館的優勢整合和對外宣傳。協會還與瑞士聖加侖大學市場商業研究所聯合成立中心，培訓會展專業人才。瑞士展覽協會集中了瑞士 26 家最主要的展覽公司，其中 13 家擁有自己的場館。主要展覽中心有蘇黎世、巴塞爾、日內瓦、伯爾尼、洛桑、聖加侖，阿勞、盧塞恩、庫爾、錫永、馬蒂尼、圖恩、德雷蒙等。

瑞士貿易促進中心總部設在瑞士蘇黎世，在洛桑設有法語區分部，在盧加諾設有義大利語分部。瑞士貿易促進中心主要為瑞士中小型企業拓展國際市場服務，包括組織瑞士企業參加一些國際性的展會。

▎第三節 國外會展業的發展趨勢

在國際上，會展業的專業化、國際化和集團化，成為會展業發展的主流方向，代表著會展經濟的發展趨勢。

專業化是會展活動的基礎。國際會展業的發展趨勢是運作和管理越來越專業化，形成了 PCO、DMC 等分工體系。展會將朝著規模增大但分類越來越細、專業性越來越強的方向發展。專業化有利於提高會展的針對性和操作性，增強吸引力並以較少的投入取得較大的效果。

會展國際化是經濟全球化的要求。經濟全球化大大加強了國際供貨商與客戶的聯繫，企業需要洞察國際市場全貌。因此，無論對參觀者還是參展商而言都產生了巨大的會展市場需求，需要展會進一步國際化以提供更多的資訊。會展國際化主要表現在產品、資本、管理、品牌等要素在國際市場上自由流動。比如，發達國家向其他國家移植知名展會，在其他國家成立合作、合資或獨資會展企業，輸出管理經驗和管理模式；發展中國家引進外資（成立合資合作企業和外商獨資企業）、對外投資等。

集團化是會展業規模經濟發展的需要。由於展覽規模直接與展覽效果和效益掛鉤，展會大型化已成為國際展覽業的發展趨勢。這就給展覽公司在資金、人力資源、國際網絡等各方面提出了更高的要求。具體表現為，大型展覽公司兼併收購力不從心的小型展覽公司，企業之間實現優勢互補，形成了展覽公司集團化的趨勢，從而優化了資本結構，擴大了展會規模，提高了市場占有率。

除此以外，國際會展還面臨如下發展趨勢：

歐美會展業在國際會展市場中競爭愈加激烈。歐美會展業已相當發達，由於國內市場的侷限性，許多歐美會展公司開始把目光投向國外。為了謀求全球發展，國際會展業巨頭透過資本運作和品牌移植，尋求低成本擴張的途徑，以進入會展業相對落後的發展中國家和一些新興市場國家。

會展業正在被越來越多的發展中國家重視。會展必然成為外貿發展趨勢的鏡子。一些亞洲和非洲國家的會展業在國際會展業的地位越來越重要，甚至可能成為國際會展業今後幾年繼續保持高速發展的重要因素之一。中、東歐國家以及亞洲國家的會展業將愈發強大，反之西歐老牌工業國家和美國將失去一部分市場份額。同時，發展中國家質優價廉的展會提供者將越來越受到矚目。

會議與展覽之間的關係逐漸融為一體。越來越多的展覽結合專題會議一同舉辦，邀請專業人士為參展商和客商提供業內資訊，並為各方提供結識和交流的機會。國際性會議一般以會議為主，但是會議的同期總要結合一些商業化的展覽活動。國際性展覽雖然以展覽為主，但展出期間的研討會、專題會等會議越來越多。會展的形式更加注重展與會的結合，展中有會，會中有展；以展帶會，以會促展。

現代展會與因特網在「競合」中形成了一種特殊的共生關係。一方面，網路、電子與可視技術的發展使顧客遠距離就能瞭解到產品及供應商的細節，可能使得展會參觀者的人數會下降；網路視訊會議真正實現了多媒體互動功能，並把矛頭指向不具備效率的部分面對面的傳統會議。另一方面，會展透過面對面的交流創造了無可替代的規模經濟、信任度和資訊等優勢。因此，

對應網路技術的發展，展會提供資訊的模式也應當改變，部分過度的展覽服務必須被簡化，如基礎服務業中銀行匯帳可以不再需要到銀行機構辦理，只需透過網上的點擊來實現。現代會議的形式也要不斷改變，以便提供豐富多樣的討論形式與功能，這其中少不了高科技技術的合理運用。

消費類展會呈現旺盛發展的趨勢。由於消費類展會能夠將展覽與休閒娛樂活動緊密結合起來，吸引更多的參觀者，獲得可觀的門票收入，所以近年來歐美國家的消費類展會呈現快速增長趨勢。貿易展覽週刊統計資料顯示，2001 年在貿易展展出面積下降了 1.5%，參展商數量下降了 2.4%，專業觀眾減少了 4.5% 的情況下，消費類展會卻逆風直上，繼續保持了增長的勢頭，展出面積增加了 3.2%，參展商增加了 2.7%，專業觀眾增加了 2.6%。

相關連結

英國展覽業的主要市場化

英國的展覽行業主要遵循的是優勝劣汰的自然淘汰法則。由於英國的場地和人工費用很高，經營展覽是具有較高商業風險的行業，經濟效益不好的展覽會將很快被放棄，而在選擇新的展覽項目時，展覽公司則十分謹慎，一般都要經過周密的市場調研後才做出決定。在英國，展覽業服務的主要行業是藝術、文化、休閒、體育以及服務業。服務業包括廣告和營銷、航空和金融服務、書籍、教育和招聘會，印刷和出版以及旅遊和零售。

英國重視展覽業的發展，但沒有專門的政府部門負責展覽事務。在英國，舉辦展覽完全是商業行為，各展覽公司舉辦展覽的內容只要合法，均可自行確定，不需審批。英國的展覽市場準入政策十分寬鬆，任何商業機構和貿易組織不需要經過特殊的審批程序便可以進行展覽業務。展覽公司的商業註冊也和普通商業公司一樣，沒有額外的要求。但英國政府長期以來十分重視展覽業的發展，特別強調展覽對於擴大出口的推動作用，主要透過財政手段，如對參展單位通常實行有針對性的費用補貼措施等，鼓勵英國參加海外展覽。由於受到政府資助的展覽會項目在招展過程中會具有更大的吸引力，因此，英國展覽公司一般均力爭使自己舉辦的境外展覽會能夠被英國工商業部（DTI）納入資助範圍，這通常需要在 DTI 預算制定前 12 個月提出申請。

　　雖然英國的展覽市場十分開放，但專門舉辦展覽的公司數量並不多，且都是大型展覽公司，包括勵展公司、CMP Information、ITE 集團、Haymarket、Penton、DMG World Media、Clarion Events 等。主要原因是展覽行業風險較高，同時重視規模效益，所以在自由競爭的市場環境下，中小公司很難與跨國性的大型展覽公司抗衡。但在商業風險較低的展覽配套服務行業，如攤位施工、展臺裝飾、花草服務、展覽運輸代理等領域經營公司數量很多，而且許多是中小公司，它們憑藉周到的服務和低廉的價格和大公司進行競爭。

　　英國政府對展覽業沒有專門的法律法規及管理規定，只是在展覽消防、電氣安全、建築安全、健康安全、有害物質等方面有具體的技術指標。展覽業的行為準則多是透過行業自律的方式確定。英國沒有政府部門負責展覽事務，但卻有不少展覽協會。英國展覽業的主要協會包括組展商協會（AEO：Association of Exhibition Organizers）、展覽場館協會（AEV：Association of Exhibition Venues）及展覽承包商協會（AEC：Association of Exhibition Contractors）。英國的各類展覽服務單位，包括展覽組織、展館場地和配套服務公司均有統一的行為規範，由各自的協會組織制定，對會員起指導和約束作用。例如組展商協會規定會員單位發布的展覽會統計數字、展覽會介紹必須真實、準確，不能誇大貿易效果和誤導參展公司和觀眾。由於英國政府對展覽行業不直接進行管理，因此行業協會發揮了重要的質量維護作用，而明確的行為規範有利於企業自律和用戶監督。

　　透過結構調整增強實力。英國的展覽行業高度開放，鼓勵國際競爭，而且對本國企業基本沒有保護政策。各類展覽公司為加強競爭力紛紛透過兼併和收購手段來保持企業發展，而對於效益不好的下屬公司和分支業務則盡快出售，以免影響整體實力。

第十章 中國會展業概述

▌第一節 中國會展業的發展概況

一、中國會展業的發展概況

加入 WTO 以來，中國會展業蓬勃發展，已成為人們普遍看好的、有前途的「朝陽產業」。無論是從會展基礎設施、會展從業人員隊伍看，還是從會展活動的數量和規模看，中國會展業都已經具備了一定的實力，中國正在步入會展業大國的行列。同時，在加入 WTO 之後，中國會展業已經開始與國際接軌，並按照國際會展業的規則，與國際會展業界開展競爭與合作，求得生存與發展。

（一）中國展覽業的發展概況

2005 年 7 月，中辦、國辦聯合派出「中國展覽業現狀調查組」赴北京、上海、廣東、遼寧、四川、陝西 6 個省市及蘇州、鄭州、哈爾濱開展調研。從調查數據看，中國展覽業現狀具有以下主要特點。

第一，展覽項目持續增長，數量擴張明顯。據統計，2001 年、2002 年、2005 年全國各地舉辦的經貿領域展覽會分別為 2000 個、3000 個、4000 個左右。在國際上，就展覽項目數量而言，中國已居亞洲第一，世界第二，項目數僅比美國少一些，業已成為一個展覽大國。但是，中國的展覽項目絕大多數是中小項目，大規模的項目和品牌屈指可數。

第二，展館建設方興未艾，成為城市必要設施。近年來在發展城市會展經濟的熱潮帶動下，各地大建展覽場館的勢頭一浪高過一浪。前幾年建設展館多從發展會展經濟著眼，現在許多城市已不完全為了發展會展經濟，而是從公益角度考慮，把展覽場館作為城市的必要基礎設施。目前，中國的展覽場館數量在全世界排在第三位，僅比美國和英國少一些，展覽場館的總面積也居世界前列，但出租率比展覽發達國家要低得多。中國展覽場館在區域布局、場館規模、設計質量、實用性等方面問題很多。

第三，展覽主辦方多元發展，政府主導色彩濃烈。在中國，展覽活動多年來一直是政府促進貿易、投資、科技、文化交流等事業發展的重要手段與載體，加之中國經濟體制帶有很強的政府主導性特徵，因此，中國的大量展覽活動由政府或半官方機構主導，這是有別於世界其他展覽大國的一個顯著特色。就展覽主辦機構而言，儘管目前參與者眾多，多元化特徵明顯，但大體上有五大辦展主體，即政府（包括政府及政府部門、政府臨時機構、貿促會等半官方貿易促進機構）、商協會、國有企事業單位、民營企業、外資企業。中國的政府主導型展會項目數世界第一。許多大型活動，特別是中央和省級以上政府機構或全國性商協會主辦的展覽，主辦方往往由數個不同機構共同組成，承辦者往往是主辦單位的下級政府機構。從法律意義上來看，在中國，主辦機構是辦展的主體和主要民事責任單位，但中國的展覽活動大部分另有承辦單位。從承辦單位來看，企業承辦的比重越來越大。目前中國對展覽主辦企業並沒有特別規定任何入行「門檻」。近年來各地新註冊的與展覽相關的企業數以萬計，儘管其中大部分都有主辦展覽的資格，但是，目前真正能獨立主辦或與其他機構聯名主辦的民營企業還是鳳毛麟角。

第四，展覽地區集中程度高，經濟發達地區領先。目前全國除西藏外，各省市都有自己的展館，或多或少都有在本地舉辦的展覽活動，並且，越來越多的省份提出要大力發展展覽業。但是，中國的展覽業實際上主要集中在少數幾個省市，而且集中程度相當高。就城市而言，公認的三大展覽城市是北京、上海、廣州，可進入世界展覽中心城市百強；以省份、直轄市為單位來看，廣東、北京、上海、浙江、江蘇居前五位。這也反映了中國展覽業主要集中在製造業和經濟發達省份的特點。

第五，展覽直接收入增長緩慢，社會經濟效益驅動。相對於展覽項目數的領先地位，中國的展覽直接收入比很多國家都少得多，展覽經濟總量比不上美國、德國、日本、英國、法國、澳大利亞等國家。發達國家展覽收入占GDP比重在 0.2% 左右，而中國目前這一比重僅有 0.09%。儘管這些展覽的總展出面積也是一個巨大的數字，但就展覽收入而言，中國還不是一個展覽大國。從展覽業的社會經濟效益來看，中國展覽業發揮了顯著作用。以 2003年為例，中國當年的參展企業多達 44 萬家，其中境外參展比重約 10%，參

會觀眾達到 6 000 萬人次，境外觀眾約 300 萬人次。這說明中國展會對觀眾的組織水平較高，觀眾觀展的積極性也很高。儘管專業觀眾所占比重仍然偏低，展覽的直接效果比展覽發達國家要差一些，但展覽已是中國企業推介產品、結識客戶、達成訂貨交易的一個非常重要的載體。此外，中國展會參展企業數、觀眾總數居世界第二，展覽會參加者範圍廣泛，加之中國政府主導型展會往往伴以中國主流媒體的強勢宣傳，展會具有明顯的啟迪大眾、增長知識的宣傳教育作用，從而產生很好的社會效益。

（二）中國會議業的發展概況

亞太經合會議、東盟會議、市長圓桌會議、IT 行業全球會議、金融行業全球會議、各類學術交流會議等越來越多地在中國舉行，北京、上海等大都市也已成為亞太地區的政治和經濟中心；越來越多的跨國公司開始關注並重視中國市場，將公司的董事會之類的重要機構置於中國；具有一定影響力的會議逐漸產生，這一切無不昭示著中國會議產業的興旺發展。

中國會議業的市場已經形成。會議公司承接各大企業的工作年會、學術交流會、經銷商會、產品推廣會、業務洽談會、培訓會、銷售獎勵等各種會議。目前光北京就有大大小小的會議公司 1 000 多家，全國類似的小公司就更不可計數了。但是，儘管會議公司數目很多，但並沒有形成規模，社會認知度還很低。很多公司只有兩三個人，來了業務就組織一些臨時人員去服務，沒有業務時就做其他行業的事務。這些小公司的從業人員多出自旅遊公司，素質參差不齊，缺乏接待、服務會議的專業知識。

中國會議數量比較多，但形成規模、具有一定品牌影響力的會議較少，具有《財富》全球論壇、達沃斯論壇一類品牌影響力的幾乎沒有。雖然博鰲亞洲論壇在本土開了個頭，但經濟收益上遠沒有達到國際性水準。目前中國還沒有一個像美國拉斯維加斯一樣專門為會議服務的城市。究其原因，基礎配套設施跟不上是一個重要因素，一流的會議，特別是國際會議，需要一流的軟硬體配套，離不開口岸、邊檢、交通、公安、環保、酒店等相關部門和行業的協調配合。從非物化因素的角度看，中國會議業差距也相當明顯，如難以發出有影響力的聲音，形成一定的思想導向等。雖然中國近年經濟發展有了相當大的飛躍，但還沒有成為世界思想陣地的前沿。

從具體的企業經營層面看，中國會議公司主要業務是受非政府組織的會議委託進行專業服務。同時，會議公司還致力於提高會議業在社會上、在政府部門中的認知程度，目前也收到一些效果，拿到一些政府委託的會議項目。但和展覽業、旅遊業接受政府委託的項目相比，差距還很大。另外，除傳統會議之外，視頻會議的模式日益受到企業和政府機構的歡迎，由此又出現了專業的視頻會議服務公司，專門負責視頻會議的策劃和安排。在這一背景下，會議服務行業對相關人員的需求將進一步凸顯，招聘市場上的相關職位將會增多。

會議公司的發展有兩種模式：一種是研究社會熱點，主動策劃會議，尋求有關部門的合作；另外一種就是被動服務，即有關部門做出會議安排後尋找會議公司服務。大多數會議公司目前的業務主要屬於被動服務，具體內容包括會議接待、會議酒店預訂、會議用餐安排、會議期間的會場布置、會議設備租賃、會議禮儀服務、會議祕書服務、會後活動安排、會後考察（旅遊）、票務預訂等。組織承辦會議的往往是一些占有客戶資源的政府和社會機構。

越來越多的中國會議公司有意識地向會議策劃的方向發展。會議業的運作通常分三個階段，即主題策劃、商業運作以及現場執行，而在這三個階段中，前兩者是關鍵。在不久的將來，更多會議公司將成為一些社會熱點問題研討會議的召集人或籌辦方，關注會議商業價值開發，在保證會議質量的前提下最大限度開發會議的商業產能。

除了沒有主管政府部門的支持外，人才缺乏是目前會議業最大的障礙。會議組織管理、會議服務是會議業發展急需的兩類實用型人才。勞動部對會議業人才培養項目非常重視，專門組織人員編寫高職院校會議專業的教材。但是職業教育只能滿足於短期的需要，從會議業長久的發展來看，不僅需要實用型人才，更需要理論上的研究。因此，大學對會議方向人才的培養有望得到教育部和相關部門的重視。

（三）中國會展城市的發展概況

目前，中國會展業在各城市遍地開花。就規模和實力而言，不同城市分別發展成一線會展城市（全國會展中心城市）、二線會展城市（地區會展中心城市）和有特色的地方會展城市。

會展中心城市，應該具備以下幾個條件。其一，產地條件，即擁有龐大的產業生產基地。其二，市場條件，即具備濃厚的國際化商業環境，在國際上具有較高的知名度。其三，其他基礎條件。比如交通條件便利，便於參展商與觀眾交通往來；商務服務基礎完善，例如金融、廣告、酒店等；旅遊資源豐富，能為展商提供參展活動之外的休閒娛樂服務等。世界會展中心城市有德國的法蘭克福、法國的巴黎、義大利的米蘭、美國的拉斯維加斯等。

目前中國能成為全國會展中心城市的是北京、上海、廣州三地。北京、上海、廣州形成了中國會展業北部、東部、南部的三分格局，中國大型的展覽幾乎都落根在這些城市。這些城市的展覽館利用率高，特別是北京國際展覽中心和上海新國際博覽中心。其中上海新國際博覽中心的場館利用率達到了70%以上。北京的展覽資源很多，但上規模的大型展覽中心只有國展一家，因此利用率較高。而上海新國際博覽中心的利用率之所以高，是因為其多方的投資者構成，如德國的展覽公司移植到上海的項目，以及在本地又新開發的項目等。

其他二線會展城市如深圳、武漢、大連、廈門、成都、重慶、南寧、西安、鄭州、長沙、海口等雖偶有個別大型展會，比如大連服裝節、糖酒會、高交會、中國 - 東盟博覽會等，但知名會展數量不多，致使很多時候展館處於閒置狀態。按照業內一貫的評價標準，一個展館的利用率達到60%～70%時，才能實現最佳的市場效益。然而中國二線會展城市展館目前整體的利用率僅在20%左右，有的地方展覽館一年只有一個像樣的專業展覽活動。

西部和中部二線城市的會展業競爭似乎才剛剛開始。會展中心的「西部之爭」在成都、重慶、西安之間展開，而「中部之爭」則體現在武漢、鄭州、長沙對展會的爭搶上。但目前中國展會的市場容量基本上就是 4 000 個左右，雖然每年都有一些新的展會出現，但同時也有更多的展會悄然消失。所以，目前會展業的市場格局正在發生劇烈的變化，誰抓住了機會，誰就會有可能成為會展之都，充分享受到會展業巨大的帶動力量。

此外，一些地、縣、鎮也興建展覽場館、舉辦會展，形成有特色的地方會展城市，比如濰坊、義烏、順德、東莞等。

二、中國會展業的發展歷程

（一）中國展覽業的發展歷程

1. 中國展覽業的近代發展歷程

中國參與世界會展始於晚清。1866 年，總理衙門首度受邀參加法國巴黎博覽會，但清政府以「天朝」自居，視之為賽珍耀奇、無益之舉，置之未理。1873 年，奧地利維也納博覽會盛邀中國「提供有趣之物」前往參賽，清政府以「中國向來不尚新奇，無物可以往助」之由搪塞，後經奧國再三懇求，才勉強同意民間工商藝人等「如有願持精奇之物，送往奧國比較者，悉聽尊便」。這是以國家名義參與世博會的開始。直到 1905 年，清政府對會展重要性方有醒悟，頒行《出洋賽會通行簡章》20 條，激勵各省商家「精擇物品」踴躍參賽，改變了「委諸稅司採辦，徒滋笑柄」的窘況。1910 年的南洋勸業會是中國首次全國性博覽會，占地 700 畝，設展館 34 所，會期達 5 個月，僅兩江地區物產會出品就達 100 萬件，會上獲獎展品 5269 件。1915 年，民國政府為重塑中國形象，派陳琪率 40 多人的代表團攜 2 000 噸展品赴美參加巴拿馬太平洋萬國博覽會，並耗資 9 萬元修建中國展館。本屆會展中國取得巨大成功，共獲大獎章 56 個，名優獎章 67 個，金、銀、銅牌獎 582 枚。

近代中國的社會和經濟發展明顯落後於歐洲，這也反映在會展業上。會展初級階段的形式——集市，一直到 19 世紀末，都是中國主要的展覽形式。到了 20 世紀（清朝末期和「中華民國」初期），中國才舉辦過幾次具有一定規模、並有近代特徵的博覽會和貿易展覽會。比如：1905 年（清）北京「勸工陳列所」、1909 年（清）武昌「武漢勸業獎進會」、1910 年（清）南京「南洋勸業會」（由官府和商界合辦，是學習西方博覽會的一次嘗試）、1921 年（民國）南京「商品陳列所」、1926 年（民國）上海「中華國貨展覽會」、1929 年（民國）杭州「西湖博覽會」等。

最近由中央文獻出版社出版的《廈門展覽二十年》一書中指出：1908 年4 月，清廷指定廈門為接待美國艦隊訪華的口岸。為此，當時的農部電催廈

門商會興辦陳列所推廣商務。時任廈門商會總經理的林爾嘉與廈門商界共議，邀請各省商會派人帶貨來廈辦陳列所，據稱這就是 20 世紀廈門舉辦的第一場重要的展會。由此可見，清代的展覽還叫「陳列所」，而「展覽會」、「博覽會」稱謂的出現約在 1920 年代，如 1926 年上海舉辦的「中華國貨展覽會」、1929 年杭州「西湖博覽會」等。

從 1920 年起，中國開始營造博物館。1934 ～ 1937 年，青島水族館、上海博物館和南京博物館正式建成。其中，南京博物館舉辦了「中國建築博覽會」，一共展出古代及近代建築模型、圖紙、材料和工具等 1000 餘件。

據報導，目前中國發現存世最早的展覽館是 1929 年建於浙江杭州的西湖博覽會工業館的主館。該工業館主館位於西子湖畔的北山路 42 號，總面積約 3520 平方米，多年前已改做民居。從外觀看，其建築風格可謂中西合璧，西式的門廳配以中式的鏤花窗，更顯別緻。推開主館的大門，首先映入眼簾的是當年的「益中瓷磚公司」用彩色瓷磚鋪設的 1929 年西博會景觀圖。從殘存的部分還能清晰辨認出左邊是西泠橋，右邊是工業館。據專家考證，20 世紀初受西方影響，北京、上海、武漢各地舉辦的博覽會均租借私人商舖、旅館、別墅或寺廟辦展，所以規模都比較小。1929 年西博會崇尚「抵制洋貨，提倡國貨」，所以特地在 1928 年開始動工興建工業館主館。據稱，此次展會展品約 15 萬件，觀眾達 2000 萬人次。

隨著近代西方經濟的發展，展覽開始商業化。中國的一些民族工業開始認識到展覽的作用，並零星參加了一些國際性的展會，如食品博覽會，但在過去內憂外患的歷史背景下，他們只能組織一些初級加工產品參展，談不上品牌、規模和檔次。

一部中國會展興衰史，就是一部國人觀念興衰史。實踐表明，觀念開放，會展就興旺，國力就增強；觀念封閉，會展就萎縮，國力就衰竭。「一年觀會，勝於十年就學」。會展的巨大功能並不限於單純的經濟、科技交流，而是意義更為深遠的整體性人類文明交流。這種交流與對話的規模性和直觀性是其他任何文明傳播方式無法比擬的。1867 年法國巴黎博覽會參觀人數達 1020 萬人次。觀者「蕩心駭目」，眼界大開，自覺或不自覺地接受了近代文明的洗禮。由文明比較引發的深刻反思和思想震動，最終要落實到觀念變遷層面。

在中國，人們一度昧於外情，心中只有「天下」觀念，而無「世界」意識，對「六合之外」的其他文明體系的知覺處於穿鑿比附的朦朧狀態。而會展使人們受到競爭化、多元化國際觀念的熏陶。新理念的碰撞，新技術的閃亮，使人們能正確分辨出本土文化在世界文明體系中的位置和角色，真切感到「蓋今之天下，乃地球合一之天下」，衝出「華夷等級秩序」的千年束縛，打碎孤陋寡聞而又妄自尊大的精神枷鎖，敢於承認在現代工業文明潮流中的落伍，進而萌發自強不息、奮力追趕的時代使命感和憂患意識。

2. 中國展覽業的現代發展歷程

中國會展業的發展真切地記錄著中國政治和經濟的變遷。

抗日戰爭時期，國民黨政府和共產黨政府都分別舉辦了許多展覽會，目的是顯示成就，鼓舞士氣，促進經濟發展，抵抗日本的侵略。據統計，陝甘寧解放區在 1937 年至 1949 年間舉辦過 74 個展覽會。其中一半以上是工農業生產建設展覽。晉冀魯豫地區也舉辦了一些生產展覽會。這一時期展覽會的特徵是「官辦」，具有較強的政治性和宣傳意義。這些展覽會對經濟的發展造成一些促進作用，但在流通領域的作用並不大。

1950 年，在中南海舉辦的展覽，奏響了新中國展覽業發展的序曲。由作家出版社出版的王凡、東平撰寫的《我家住在中南海》一書中曾提過，新中國開國大典舉辦半年後，中南海的瀛臺舉辦了一個武器展覽，展品包括中國人民解放軍在作戰中繳獲的武器以及自己生產的武器。當時毛澤東、劉少奇等中共領導人都興致勃勃地參觀了展覽。自這次展覽後，中南海又相繼舉辦了機械製造工業展、礦業和地質勘探成就展、中國自己製造的軍工產品展等。由這段珍貴的史料可以看出，新中國成立後，雖然百廢待興，但政府領導人十分重視利用展覽會的形式展示成就，鼓舞人心，以推動經濟建設的發展。

從1951年3月直至1980年前後的近30年，是中國展覽業發展的起步期。在這一時期，中國展覽業主要包括出國展覽和接待外國舉辦的單獨來華展覽。

1951 年 3 月，新中國成立不到一年半，就首次參加了「萊比錫春季博覽會」，這是新中國展覽業發展的開端。從 1851 年英國倫敦世博會到 1951 年新中國展覽業的起步，中國現代展覽業滯後於世界展覽業整整一個世紀。

1953 年，剛剛成立一年的中國貿促會受政府委託，負責接待了「德意志民主共和國工業展覽會」，這是建國後中國接待的第一個來華展覽會。1953 ～ 1978 年的 25 年間，中國共接待了 112 個外國單獨來華展覽會。

出國展覽均由中國貿促會代表國家主辦。1951 ～ 1985 年的 34 年間，中國貿促會共舉辦 427 個出國展覽。當時管理出國展覽的依據是 1959 年經周總理親自批准的，由國務院發出的《關於出國經濟展覽工作指示》（國貿周字 60 號）及《出國經濟展覽會籌備工作組織分工暫行辦法（草案）》等文件所制定的政策和措施。出國展覽表現的主要特徵是：出展渠道的唯一性、出展計劃的指令性、參展任務的分派性和展出目的及方式的政治性。

不論是出國展覽還是接待來華展覽，均作為配合新中國政府外交政策的手段，在促進與世界各國人民之間的友誼，打破西方國家對中國的政治孤立和經濟封鎖的企圖，宣傳新中國的經濟建設成就等方面發揮了獨特的歷史作用。

在中國展覽業的起步時期，展覽會數量少，組織水平和專業化程度還處於初級階段，把展覽作為一個產業來發展的經營意識尚未形成，展覽會從嚴格意義上講大都不具備現代貿易展覽會的特徵。由於新中國成立後，實行嚴格的計劃經濟，經濟貿易展覽在中國經濟中失去了存在、發展的土壤。除了歷史悠久的廣交會等少數以交易為辦展宗旨的展覽外，這個時期的展會基本上是宣傳性、公益性和文化交流性的展會，如成就展、教育展和外國經濟文化展等。比較知名的如「上海工業展覽會」、「全國農業成就展覽」等。

1957 年 4 月至 5 月，第 1 屆廣交會（中國出口商品交易會）在廣州舉辦，標誌著中國商業展的開始。

創辦廣交會的最初意圖是為了獲得向外國購買物資的外匯。新中國成立後，以美國為首的西方國家，在政治上不承認新中國，在經濟上對中國實行「經濟封鎖」、「貨物禁運」。中國已經開始進行大規模的經濟建設，但長期被排除在國際貿易之外，80% 的對外貿易是與社會主義國家以易貨記帳的方式進行的，缺乏必要的外匯。

為了滿足國家大規模經濟建設急需進口多種物資的需要，1955 年 10 月至 1956 年 5 月，廣東省外貿系統憑藉廣東毗鄰港澳的地緣優勢，先後舉辦了 3 次出口物資展覽交流會，在推動外貿發展及出口創匯方面取得了一定的成績和經驗。在此背景下，對外貿易部和廣東省有關人士開始醞釀在廣州舉辦全國性的出口商品展覽會。

　　第 1 屆廣交會於 4 月 15 日開幕。在這屆廣交會上，中國出口商品第一次有組織、成規模地出現在人們面前，它們之中有一捆捆的中草藥，也有陳列在廣場上的火車頭，還有解放牌載重汽車——這個自行研製的產品代表了當時中國工業化的初步成就。此次展會有 13 個交易團參展，展示商品 1 萬多種，總展覽面積 1.8 萬平方米，有 19 個國家和地區的 1 223 位採購商到會，他們主要來自港澳和新加坡。廣交會第一年出口成交額 1 754 萬美元，比對外貿易部事前暫定的交易額目標高出 254 萬美元，實現了外貿「開門紅」。

　　紐西蘭——中國貿易協會前主席潘西佛在 1957 年成為唯一受邀參加廣交會的紐西蘭商人。他回憶說：「如果我想兌換人民幣，就得帶上外匯申請表到銀行，根據規定條款兌換。返回紐西蘭經過香港時，我還要把手中的人民幣兌換成外幣。如果不這樣做的話，就會有挺大的麻煩。」他還提到，採購商必須根據前 3 個星期的意向成交情況、中國的經濟發展計劃和五年規劃的需要，在獲得一定的外匯配額後才能向供貨商下訂單。

　　半年後舉辦的第 2 屆廣交會的成交額是第 1 屆的 4 倍，第 3 屆又比第 2 屆增加了 1 倍。50 年後，2006 年春季的第 99 屆廣交會的成交額是 330.02 億美元。

　　廣交會在創辦兩年後經歷了第一次挫折。在 1959 年至 1962 年之間，廣交會出現第一次成交額負增長。這是因為中國遭受了為期 3 年的自然災害，又開始了「大躍進」運動，使能夠提供的商品突然減少，而浮誇的作風又使已經簽訂的合約履約率下降。

　　國務院為此在 1959 年發出「關於做好農產品收購運動及發動群眾廣泛採集和充分利用野生植物原料」的指示，號召全國各地「大力支持出口」，

在農產品極度匱乏的情況下，把物資節省下來提供給廣交會，以充實出口商品來源。

1960 年，生活用品供應出現嚴重緊張局面，廣交會甚至對參加人員的糧油供應做出了定量規定。但是直到 1961 年春季廣交會開幕時，糧油食品交易團帶來的貨源仍然不能滿足對外貿易部下達的指標。1959 年至 1961 年，廣交會的年平均出口成交額比 1958 年減少 14.25%。

廣交會的第二次成交額負增長是在 1967 年至 1969 年之間。這時候，中國正處在「文革」的高潮之中，外國採購商在廣交會上要做的第一件事往往是購買《毛主席語錄》。採用「四舊」題材的出口工藝品換取外匯遭到紅衛兵們的批判，他們認為這是一種錯誤的行為。為此周恩來總理到廣州向他們解釋，外匯可以換回機器和鋼材，可以加快國家建設，也可以支持世界革命，「把玉石雕賣給資本家，他們拿到石頭，我們拿到外匯。這不好嗎？」不過，中共中央、國務院、中央軍委和中央文革小組在 1968 年 3 月發出的《關於開好 1968 年春季出口商品交易會的通知》仍然把宣傳毛澤東思想當做廣交會的首要任務。

在進行「文化大革命」的 1966 至 1976 年間，廣交會累計成交 214.39 億美元，占同期全國出口總額的 41.53%。在為紀念廣交會舉辦 100 屆出版的《百屆輝煌》一書裡寫道，這反映中國人「在承載政治負重之時，仍然強烈渴求對外開放」。

從 1957 年起，廣交會每年春、秋兩季定期在廣州舉辦，從未間斷。這兩個會期的確定是經過一番考慮的。1956 年廣交會的前身中國出口商品展覽會在總結工作時對會期的選擇做了如下闡述：由於世界各地氣候不同，人們抗寒抗熱的能力各異；商品銷售時間和暢滯情況不同；客戶的購銷興趣也有差異；各個民族節日習慣不同；客戶赴會有著不同的要求……總的看來，是以春末夏初和秋末冬初兩個時期為宜。正是在總結這些經驗的基礎上，每年兩屆的廣交會分別定在廣州氣溫平均在 21.9°C 的 4 月到 5 月間和 23.7°C 的 10 月到 11 月間。這個時間的選擇與當時展館僅有風扇而無空調設備的條件也有關係。

另外，當時中國出口商品大部分屬農副產品，季節性強，適宜在春、秋兩季及時成交。海外客戶特別是中小客戶認為一年兩次的訂貨，對於銷售、倉儲、資金周轉都是恰當的，因此樂意接受。廣交會創辦以來，經歷了 3 年經濟困難、文化大革命、「非典」等時期，除 1959 年秋季廣交會因改在新落成的展館舉行而推遲半個月和 1967 年因「文革」動亂推遲一個月外，其餘每年兩屆交易會都分別在 4 月和 10 月舉行。

廣交會是中國歷史最長、規模最大、層次最高、成交量最多的出口商品交易盛會，在對外經濟貿易發展中占有舉足輕重的位置。廣交會也被稱為中國對外貿易的「窗口」和「晴雨表」，它的成交情況是分析判斷中國外貿走勢的一個重要依據。

3. 中國展覽業的當代發展歷程

從改革開放至今，中國展覽業正經歷第二個發展時期，即蓬勃發展時期。伴隨著經濟體制改革的不斷深入和對外開放的不斷擴大，特別是社會主義市場經濟體制的建立和經濟總量的持續增長，中國展覽業迎來了大變革和大發展。現在，中國展覽業已經初具行業規模，在辦展數量、組展渠道、展館建設、展覽會的審批管理體制、海關監管制度、辦展經營理念和經營方式等方面都發生了深刻的變化。

1978 年，中國貿促會在北京成功舉辦了「十二國農業機械展覽會」，這是新中國成立以來中國首次舉辦的國際博覽會，標誌著中國展覽業由起步期的「單國展覽時期」向蓬勃發展階段的「國際展覽時期」過渡。

（1）出展業

1984 年，中國國際展覽中心建成，成為北京 1980 年代十大著名建築之一。與此同時，出國展覽也經歷了重大的變革，標誌性的事件是中國貿促會 1986 年參加瑞士「巴塞爾樣品博覽會」。在這次博覽會上，中國首次採取了以展覽為手段，以貿易成交和銷售為主要目的的攤位式展覽形式，改變了以往以宣傳成就為主的展貿分離的整體式展出方式，展覽的貿易性、專業性大大加強，從而使中國展覽業開始與現代國際展覽業接軌。這次展覽，在中國

出國展覽業的階段性發展中具有里程碑的意義。這一階段，中國的出國展覽主要表現出以下三個良好的發展趨勢：

第一，出國展覽的宗旨、規模及產生的效益均發生了深刻的變化，形成了從中央到地方，從政府部門到貿易促進機構和商協會，再到外貿、工貿總公司的多層次多渠道的出國辦展格局。出國展覽以促進中國對外出口、吸引外資和開展多種形式的經貿交流與合作為主要目的。雖然越來越多有實力的大企業和跨國公司會根據本公司的需要自行到國外參展，但是大部分中小企業受資金、市場研發能力等因素的制約，仍然以隨組展單位出國參展的形式為主。組展單位的注意力最早集中在歐美國家極少數的幾個熱點展覽會，歐美日澳等發達國家是中國出國展覽的主要市場。

第二，出國展覽的方式發生根本性轉變，出國展覽的國際化、專業化程度大大提高。80年代中期以前，中國出國展覽以赴國外單獨舉辦成就展為主，展覽會的組織、管理和運作都在一種「自我封閉，自我完善」的範圍內進行，由我們自己設計、自己施工、自我宣傳、自我服務。現在，中國出展業很大程度上已融入全球化展覽經濟中。出展業的各個生產要素，如展覽場地的租賃、招展、設計和施工、運輸報關、廣告宣傳以及後勤安排等，都與外國有關行業有合作。

第三，出國展覽的經營理念發生了質的飛躍。出國展覽業已經從過去那種不贏利，也不應該贏利的「樣宣處」式的服務職能邁進了服務貿易的範疇。將出展業作為服務貿易的認識本身就是產業進步的標誌。包括國營的、股份制的、民營的和中外合資的展覽公司，連同貿易促進機構和專業商協會一起，日益成為中國出展業的經營主體。這種辦展主體多元化、辦展方式多渠道的發展趨勢，一方面加劇了出國組展企業的競爭，另一方面又打破了以往部分企業壟斷的局面。

這一時期正值中國經濟體制從計劃經濟轉向市場經濟的過渡期，管理出展業的手段基本上沿用計劃經濟體制下的行政手段。主要依據國務院辦公廳下發文件《關於出國舉辦經濟貿易展覽會若干問題的規定》和《關於出國舉辦經濟貿易展覽會審批管理工作有關問題的函》的精神，制定了一系列管理辦法，如1984年貿促會會同經貿部、外交部制定的《關於出國舉辦經濟貿

易展覽會的規定的實施細則》，1988 年外經貿部制定的《在國外舉辦經濟貿易展銷會等的審批管理辦法》等。前後出臺的管理文件、管理辦法都表現出兩個鮮明的特徵，即對出國展覽的主辦者進行資格審定和對出展項目實行嚴格行政審批，在特定歷史時期發揮了積極作用。但同時，審定出國展覽經營權導致中國的出展業實行一種壟斷的、特許的經營方式，市場競爭的優勝劣汰的機制不能在中國的展覽市場中充分體現，這使得一些出國展覽的組織者常常在自我封閉的狀態下開展業務，其服務意識、管理方式和運作手段都不能適應參展商的要求；實行出展項目的審批不能適應快速變化的市場需求，經協調審批的出展項目實施率不高。這種非市場的行政手段人為地延續市場壟斷、不公平競爭和市場保護的落後機制，與市場經濟運行規則不相適應。

（2）外資展覽

1990 年代初，中國出口貿易快速增長，中國眾多產品紛紛走出國門，參與國際市場的競爭與角逐，所有相關行業都在重新審視自身發展戰略，準備投入全球經濟一體化大潮。當時，WTO 談判正緊鑼密鼓地進行，中國加入WTO 已是勢在必行，只不過是時間問題。政府盡力為企業爭取更好的條件和更多的時間，而中國企業則面臨加入 WTO 後如何適應新經濟氛圍、熟悉國際經濟遊戲規則的嚴峻考驗。這時候，外向型經濟不僅僅是一個口號，每個企業都感觸到了時代的脈搏與變遷。透過展覽獲取訂單是一條接觸國際採購商，盡快熟悉國際貿易手段，獲取國際商品資訊，瞭解國際市場動態的重要途徑。

就中國展覽來說，廣交會連年火暴，自然是中國第一大品牌，企業無論花費多少代價，擠破腦袋也要上，甚至只求露個臉的心態也不少。而在國際上擁有品牌效應的相對成熟的歐美展覽，成為中國企業選擇的首要目標，這也順應了對外貿易的發展趨勢。

在這段時期，外資展覽在中國的歷程是：

2004 年以前，由於政策的限制，德國漢諾威、法蘭克福、科隆、慕尼黑、英國勵展等知名展覽公司都是以展覽諮詢的名義開展業務，它們在中國辦展都是透過與中國公司合作的形式，而不能直接面對中國企業進行招展。

2004 年 1 月，商務部發布了《設立外商投資會議展覽公司暫行規定》，以前只能在中國境內尋求合作夥伴的外資展覽公司獲得了在中國境內獨立辦展權。

2004 年 11 月 19 日，日本會展業的老大——康格株式會社在上海成立日本獨資的康格會展（上海）有限公司正式投入運營，自此，第一家獨資會展企業現身中國會展界。

獨資公司的自由空間比合資公司更大，可以更好的發揮會展公司獨立的辦展優勢。在中國，獨資公司適合運作的領域是和市場比較接近的領域。比如消費品領域，這個行業的會展市場可以單純地依靠市場競爭來定輸贏。不過，以法蘭克福為代表的早已挺進中國會展市場的「老牌」國外企業仍然固守合資與合作的方式，這也不失為一種穩妥的選擇。以前它們很在乎中國政府的批文，但是現在更在乎的是合作對象的實力，它們傾向於選擇能瞭解中國國情並能充分開發中國市場的有實力的會展公司或者行業協會。勵展在世界各地的展覽市場，都與當地的主辦單位、機關和協會合作，本地合作是勵展開拓市場的「法寶」。

（3）中國辦展

這段時期中國辦展的主要模式是政府主導型。廣交會是其中的傑出代表，改革開放以來中國各個方面的歷史變遷都在廣交會上得到充分體現。1982 年春第 51 屆廣交會的舉辦時間由 30 天縮短為 20 天。1983 年春第 53 屆廣交會外商投資企業首次參展。1989 年秋第 66 屆廣交會會期由 20 天改為 15 天，並在當年成交總額突破 100 億美元。1990 年代廣交會外貿大比拚揭幕。2003 年秋第 94 屆廣交會成交額突破 200 億美元，創歷史新高。2004 年秋第 96 屆廣交會繼續擴容，躍升為世界單年期展會第二位。跨越兩個世紀的廣交會，從未停止過改革與創新的步伐。自 1957 年創辦至今，廣交會的組織方式經歷了五次重大的變革，保持了旺盛的生命力。

第一次變革是「工貿結合」，減少出口環節。史料記載，從 1957 年春交會到 1978 年春交會，都是由當時外貿部直屬的各大專業外貿總公司為首

組團參加，每屆交易會的交易團數量和名稱與當時國家設立的外貿專業公司數量和名稱基本一致。

1978 年的秋交會上，廣交會迎來了首次重大改革，新成立的、首家實行工貿結合新體制的中國機械設備進出口總公司的出現，引起了來自世界各地貿易界人士的關注。工貿結合，讓之前出口過程中眾多的中間環節大大減少，使得當時剛剛走向世界的「中國製造」可以更好地做出改進，適應市場的需求。

第二次變革是參展主體多元化。伴隨著外貿體制的不斷改革，中國對外經濟活動中開始出現「經濟特區」、「外資企業」等眾多新名詞。以 1983 年春交會上 15 家中外合資企業參會為標誌，廣交會迎來了第二次變革——參展主體多元化的時代。這一改革步伐一直在延續，1999 年的第 85 屆春交會上，首次出現了 4 傢私營生產企業，到 2006 年第 100 屆廣交會時，私營生產企業數量已經超過國有企業，達到 5000 多家，占廣交會參展企業的比例提升至 39.72%，成為名副其實的參展主體。

改革組展方式，提升服務質量是第三次變革的主題。改革開放帶來了外貿領域的極大繁榮，帶來了「中國製造」實力的極大提升，從而也帶來了對廣交會這一「中國第一展」更高的要求。為適應這一形勢，在 1993 年和 1994 年，廣交會對過去根據商品大類劃分交易團和安排展位的傳統組展方式做出了重大的改革，借鑑國際一流展會的經驗，改變維持近半個世紀的「專業外貿總公司組團」方式，採用「省市組團，商會組館，館團結合，行業布展」這一被外貿領域簡稱為「16 字方針」的組展方式，並一直延續至今。由此，到會採購商人數和成交額穩步上升。

如何向世界一流展會靠攏？這是廣交會一直在思考的問題。2002 年春，第 91 屆廣交會做出有史以來第三次重大變革——以時間換空間，按照專業做出「分期」改革，即將原來 12 天的展期分成兩期各 6 天，實現了綜合性展會和專業性展會的有機結合。

第四次變革是設立品牌展區，保護知識產權。伴隨著中國外貿的崛起，廣交會開始成為新的外貿形勢下各種矛盾和衝突集中的舞臺：競爭異常激烈，

人民幣升值，缺少自主知識產權和品牌等軟肋深深刺痛著中國企業；各種貿易摩擦案件此起彼伏，牽動著參展企業的神經；知識產權日益受到重視，為了防止侵權，一些國際知名品牌商紛紛派員前來廣交會巡展調查……

為適應這一全新的形勢，從 2004 年的春交會開始，廣交會推出了品牌展區，鼎力支持中國品牌企業，使它們能為世界所瞭解、熟知。到 2006 年第 100 屆廣交會，品牌展區展位已達 4175 個，占總展位數的 13%。

第五次變革是展會的服務導向轉變。50 年來，人們一直在努力透過廣交會把商品賣出去，但是他們逐漸發現光這樣還不夠，還要學會把別人的商品買進來。在舉辦到第 100 屆的時候，「中國出口商品交易會」更名「中國進出口商品交易會」。也就是說，廣交會將從中國的單一出口交易平臺，轉變為進口和出口雙向交易平臺。

這個變動是中國開始尋求進出口基本平衡的一個證明。改革開放以來，中國一直實行以出口為導向的對外貿易政策。從 1990 年開始，除了 1993 年以外，中國都實現了貿易順差，而且增長的速度很驚人。國家統計局網站提供的資料顯示，2004 年中國出口總額比進口總額多出 320.9 億美元；2005 年，這個差額達到 1019 億美元；2006 年上半年則為 614.4 億美元。中國意識到貿易順差帶來的弊端，並開始試圖減慢它的步速。年成交額仍占中國一般貿易出口總額 1/4 的中國出口商品交易會是反映中國對外貿易政策的一面鏡子。這一次更名向人們展示：作為全球第三大貿易國，在不斷擴大和深化對外開放的過程中，中國不再過多強調出口增長，簡單追求貿易順差。從外貿大國到外貿強國，中國邁出的這一步可以說才剛剛開始。

自創立以來一直服務於中國外貿大局的廣交會進行的種種重大調整都是在政府倡導下進行的。雖然廣交會這些年來不斷進行改良，但市場化成分依然不高，展會的成熟度也不高。它將如何做出進一步的改革，我們拭目以待。

中國展覽業真正的起步始於 1980 年代的改革開放初期，從純粹的官方行為、政府安排、不講回報的開會到打開國門、多方辦會、商業操作、專業安排、講究效益，已經歷了飛躍發展的過程。無論是北京的亞運會、世婦會、

PATA 年會、萬國郵聯大會，還是昆明的世博會，或是上海的《財富》全球論壇和 APEC 會議，都在海內外產生了極大的反響。

中國展覽業目前主要分布在北京、上海、廣州、大連、深圳等沿海經濟發達城市，並滲透到各個經濟領域，從機械、電子、汽車、建築，到紡織、花卉、食品、家具，各行各業都有自己的國際專業展。近年來，中國透過展覽實現外貿出口成交額達 50 多億美元，展覽業的直接收入已近 50 億元人民幣，拉動其他相關產業如住宿、餐飲、通訊、交通、旅遊、貨運、建築、保險等經濟收入達 400 億元人民幣，而且每年以 20% 的速度在增長。

中國展覽業的發展，和西方發達國家所走過的路程有異曲同工之處，都是工業化時期走上快速發展之路，然後再從服務業和高科技產業進入細分化、專業化、資訊化時代。中國的展覽業主要集中在經貿方面，尤其是 1980 年代以來，展覽已作為一個產業出現在中國的經濟舞臺上。但是，目前中國還沒有較完善的法規來引導整個行業的健康發展，以致整個行業出現哄搶項目、良莠難辨的局面，可以說中國展覽產業在 21 世紀的第一個 10 年，是處於洗牌的陣痛時期。

中外事實證明，展覽業為主辦地帶來了相當可觀的經濟效益和巨大的社會效益。隨著改革開放的深入和從東部沿海地區向中西部地區的轉移，如今從北部邊關黑河到南部海島海南，從東方明珠上海到西域寶地烏魯木齊，從祖國首都北京到雪城拉薩，越來越多的城市都在舉辦規模大小不一的會展活動，中國的展覽業出現了空前繁盛的局面與發展機遇。尤其是 2008 年奧運會和 2010 年世博會的舉辦，無疑將給中國展覽業的發展帶來前所未有的機遇和美好的前景。

（二）中國會議業的發展歷程

中國的會議業在 1980 年代已經出現。過去在計劃經濟時代，基本都是官方會議，以貫徹落實政策為主，模式比較固定。隨著改革開放和市場經濟的快速發展，中國會議業逐步興起。最初，大型中國國際會議的承辦組織者主要是政府機構，而實施接待的單位大多是酒店、旅行社等旅遊企業。

　　進入 1990 年代，各種形式的會議逐漸增多，中國主辦的國際會議也逐漸增多。會議主辦者也變得更為多元化，除了政府外，還有民間團體、跨國界行業協會、學會。一些酒店抓住市場機遇，專門成立「會議產業部」，嘗試與行業協會合作，開拓酒店市場，擴大酒店知名度。與此同時，各大中城市一大批具有會議功能的飯店如雨後春筍般拔地而起，基本解決了當時會議產業發展的場地設施問題。

　　除了酒店外，一批會議服務公司也應運而生。它們完全按照市場規律運作，能夠提供會議需要的設施及服務項目，服務質量也不斷提高。同時，為了適應國際會議數量增加的趨勢和國際會議的特殊需要，還出現了同聲傳譯人才隊伍，並形成了一種職業。

　　雖然中國的會議業在 1980 年代就已出現，但發展緩慢。長期以來人們把會議當做旅遊業的一部分，按舊有的思維模式看待這一事物，所以，儘管現在會議業有一定的市場，但作為獨立的產業發展很慢。在國際上，會議和會展的關係有兩種不同的認識，歐洲提倡大會展小會議，國際會議聯盟則認為是大會議小會展，目前中國基本上遵循歐洲的思路，將會議業納入會展業的範疇。

　　中國會議業要像展覽業、旅遊業一樣被社會認可，需要一個長時間的推動過程。這就需要會議公司先把市場做起來，走專業化的服務道路，讓政府和社會逐步認識到會議業是一項專業性非常強的產業。市場有了需要，政府才有可能出臺具體的支持措施，使會議業得到更快的發展。從長遠目標來看，政府組織的會議也應該由專業的會議公司服務，這將為政府機關節省大量的人力、財力和時間。

相關連結

北京和上海的會展業概況

　　1. 北京

　　由於缺乏嚴格且全面的統計數據，無法判斷上海、廣州和北京哪個城市的會展業是全國第一，但從業內人士的判斷來看，北京會展業一直處在全國

領先的地位正岌岌可危，受到競爭威脅日益強烈。即便是北京的知名展會，也都具備向北京之外轉移的可能性。

北京的展會向來以檔次高、規模大著稱，比如中國國際服裝服飾博覽會、北京國際車展、紡織機械展、通訊展等。據統計，全國具備舉辦大型國際展覽資格的企業有 250 多家，北京幾乎占據了其中的一半，這些企業的運作模式已經相當規範和成熟。

相比較而言，在會議與展覽中，北京的首都優勢對於會議的支持更為明顯。北京作為首都，大量國家重要機構和全國性的行業協會均集中在此。對於以行業協會為主辦單位的大型展示展覽，北京具有不可替代的優勢。同樣由於這種全國性機構的聚集，各種大型、全國性的會議均選擇在北京召開。值得注意的是，北京作為首都，具有比其他城市更多的象徵意義和展示作用，北京會展具有「重展示，輕交易」的特徵。雖然，北京也具有一些交易性展會，如每年舉行的科博會等展覽交易活動，但與上海，尤其是廣州展會，如與廣交會相比，其交易性並不是很高。這也正是北京會展與上海、廣州會展的最大區別所在。

根據中國貿促會發布的《中國會展經濟發展報告（2004）》，2004 年北京市舉辦了 489 個展會，居全國之首。不過，現在這種狀況正在發生變化。和上海相比，德國三大巨頭蜂擁而入，和北京相比，一些國際性展會似乎更加鍾情上海。

2005 年 11 月 9 日，中央「兩辦」下發了《中共中央辦公廳、國務院辦公廳關於從嚴控制 2008 年奧運會期間及前後在北京地區舉辦全國性國際性會議和活動的通知》，規定：2008 年 8 月 1 日至 9 月 23 日期間，北京地區不舉辦與奧運會籌辦工作無關的全國性、國際性會議和活動。同時規定，2008 年 4 月 30 日至 7 月 31 日，要嚴格控制在北京地區舉辦全國性、國際性會議和活動。業內人士認為，這個期間正是北京舉辦展覽會的高峰期，這意味著該期間的展覽會將全部暫停，向其他城市轉移成為必然選擇。而這些展會的首選目標正是北京最大的競爭對手——上海。

此外，導致知名展會向外流失的另外一個重大原因是北京缺乏大型展覽館，這也是北京會展業的硬傷。3 月 28 日，亞洲最大的服博會（中國國際服裝服飾博覽會）在北京國際展覽中心（以下簡稱國展）拉開帷幕，和往屆相同，由於展館面積不足，只能分成兩期舉辦。而上屆的中國國際汽車展，同樣也因為展館面積不足，分成了農展館和國展兩個會場，甚至需要搭建臨時場館。現在的國展建成於 1985 年，是目前北京最大的展覽館，但展覽面積僅有 6 萬平方米。這導致一些上規模的展會抱怨重重，分期舉辦、分會場、臨時搭建為參展商和主辦方帶來了極大的不便。對此，業界認為，北京再有兩個 20 萬平方米的展館也不多。畢竟，北京是全國的首都，多數主辦單位和展商都願意選址在北京，政府公關、資訊交流、邀請政府官員都十分方便。建設新場館成為必然出路，不過超大型新場館到現在遲遲沒有動靜。原有場館的擴建潛力有限，如農展館擴建面積僅有 1 萬平方米左右，北京展覽館可擴建面積則更小，空間有限。而此時，上海新國際展覽中心的後期工程正在進行之中，展館總面積超過北京已經成為現實。

文化創意產業成為北京會展業的突破口。北京自 2004 年開始，提出「去經濟」概念，即北京將不再以成為全國的經濟中心為目標，而僅是政治、文化中心。「去經濟」之後，和政治中心的定位相比，文化中心的定位將對會展業產生極大的影響。《北京市國民經濟和社會發展第十一個五年規劃綱要》預測數據顯示，2010 年，北京文化產業增加值將達到 660 億元。2006 年是北京的節慶年，中俄文化年、中意文化年、中印文化年、中韓文化年四大文化年為北京的會展業增添了大量的新鮮內容。俄羅斯、義大利、印度、韓國都是文化大國，伴隨著這些文化年有很多國際性的大型會議和相關展會，如「世界文明珍寶——大英博物館 250 年之藏品」展覽會。文化創意產業沒有明確的定義，但可以如此理解：源自個人創意、技巧及才華，透過知識產權的開發和運用，具有創造財富和就業潛力的產業，是與知識經濟相適應的一種產業形式。比如「超級女生」、網路遊戲、動漫出版、影視製作等均可以稱作文化創意。不難推測，動漫展、圖書展、電影展、網遊展等均有可能為北京舉辦同類會展創造雄厚的產業市場基礎。有了產業基礎，加上老百姓的參與性較高的因素，這類展會將有可能成為未來北京會展業的主角。

從 1985 年中國展覽中心建立到現在，北京會展業在經歷了一番輝煌之後，走到了一個新的路口。經貿、科技類的展會主扛了多年的大旗，會出現什麼樣的變化？北京的會展業，還需尋找新的出口。

2. 上海

近幾年，上海的會展業得到了飛速發展，無論是展會規模、總收入，還是現代化、國際化程度，都似乎走在了北京和廣州的前面。在北京一些大型的展覽正欲向外轉移的同時，越來越多的大型展會以及外資知名展會駐軍上海，上海正在為全國會展業樹立一個學習的好榜樣。

上海會展業的發展不僅出於對國際大都市形象展示的考慮，而且也具有實際的工業生產、展示、交易的需要。與北京「首都展示成果效應」有所不同。在上海周邊地區已經形成了上海為龍頭，以南京、常州、杭州、寧波、義烏、紹興、海寧等中小城市為依託的大區域經濟工業區。因此上海具有來自周邊城市展示、交易等的需求基礎。這對於上海會展市場的長期持久發展極為重要。

與北京、廣州兩地會展業相比，上海會展最為突出的特點在於：上海是許多國際已有展覽在中國的第一登陸地。具體而言，很多在上海召開的國際會展已經是在國外運作成熟的會展。其市場定位及所針對的客戶群體十分明確。而且這些國際會展的運作者很多也是有國外展覽公司直接操作完成。可以說，上海不僅是國際展覽的第一登陸地，也是國外展覽公司在中國的第一登陸地。

由於上海具有沿海中城市中最高的城市地位，因此大量國外會展品牌首先選擇在上海登陸。可以說，這種國外品牌會展的登陸，為今後上海會展向著國際化方向的發展鋪平了道路。從更長遠的角度來看，上海在國際會展發展方面具有比北京、廣州更為突出的優勢。因此，上海在未來三個會展城市的發展中，具有很大的潛力。這種國外品牌會展在上海的發展，無疑使得上海會展的市場定位與北京、廣州形成了一定的錯位。

　　2010 年上海要舉辦世博會，在積極為其準備的同時，上海市政府考慮的似乎更加長遠。由於上海世博會的運作模式是政府主導、市場化運作，政府和企業的明確定位為會展業的管理體制帶來一定的創新。

　　「一展帶來百展興」說的是廣州會展業，這種說法對上海而言，同樣合適。無論是之前的 APEC 會議，還是 2010 年的世博會，都成為整個上海市服務業的一次大型「規範」活動。據瞭解 APEC 會議期間，上海市政府出資成立了上海國際會議展覽公司，全面掌管了為 APEC 會議購置的國有資產，會後公司將再投標承辦新的會議，以實現資源再利用。現在要舉辦世博會了，上海市政府又專門成立了世博集團，從一開始世博集團便開始進行各種練兵。

　　為世博會這種大型活動做準備，上海市政府考慮十分長遠，大力培養會展服務專業人才，建設大規模的場館，制定各種評價體系。北京要舉辦的奧運會也是大型活動，和服務業密切相關，但會展業卻要為奧運會讓路，針對會展的大型場館遲遲不能動工。上海為世博會所做的一切準備，的確極大地促進了當地會展業的發展。比如，上海市提供優惠的政策支持，吸引了包括德國幾大展覽巨頭投資上海興建新博覽中心。再比如，上海世博集團接手威海國際展覽中心的經營，為上海培養會展服務人才，積累會展服務的經驗。此外，上海旅委還專門成立旅遊、會展推廣中心，積極主動地參加德國 IMEX 專業會議、獎勵旅遊展會，蒐集上海各大酒店以及展覽、會議設施等資訊，以此增強到國際市場上爭奪會議的競爭力；已於 2005 年 5 月 1 日正式實施的《上海市展覽業管理辦法》，成為全國首例；由上海展覽協會運作的對展覽企業、從業人員的資質認證、展會評估，同樣走在了其他城市的前頭。凡此種種，再次證明上海市政府對本地會展、旅遊業所做的長遠打算和積極的努力。

　　籌辦世博會是一個很好的契機，上海可以全面提升會展設施建設、運營管理、會議組織和配套服務的水平，到 2010 年努力成為亞太地區會展中心。對比之下，北京的 2008 年奧運會為北京的會展業留下的，不應該僅僅是城市基礎設施的一次「整容」，和幾座難以以高頻率使用的體育場館。上海無疑為全國其他城市樹立了一個好榜樣，值得好好學習。

　　（資料來源：劉炳輝 . 北京：「場館之困」背後「產業突圍」. 中國經營報）

▌第二節 中國會展業的發展模式

一、中國會展業的發展地位

中國會展業被作為一個獨立的產業來培植還是近幾年的事，雖然發展很快，但總收入還很低。德國、美國、新加坡等會展業發達國家的展覽業總收入一般約占其 GDP 的 0.2% 左右，而近年中國展覽收入占 GDP 比重僅0.09%。這表明中國會展業還處在一個比較低的水平上，對國民經濟的總體貢獻度有限。按總收入的多少排序，會展業在眾多服務業中也是靠後的，排在金融、保險、電信、旅遊、運輸等大多數服務業之後。從經濟總量和稅收、就業等宏觀數據來看，目前會展業在國民經濟中的地位還是微不足道的。

但是，在一些會展重點城市，如北京、上海、廣州、大連、深圳，會展業的貢獻度要高得多。更重要的是，由於會展業的乘數效應在帶動第三產業，提高城市知名度，促進招商引資等方面，都有很大作用，所以，對這些城市而言，會展業在城市發展中的地位和作用是舉足輕重的。雖然時至今日未明確會展業的國家主管部門，也未出臺有關全國會展業發展的統一政策、法規和規劃，但地方（特別是主要城市）政府高度重視會展業的發展，不但以巨額資金支持直接辦會辦展，而且紛紛設立專門的會展管理機構，制定鼓勵會展發展的政策。

二、中國會展業的發展形勢

（一）會展業在經濟轉型期的多層面相關性

當前，與中國會展業密切相關的有15個層面：中央決策層、國家主管層、相關部門層、地方政府層、會展主辦層、會展公司層、配套服務層、會展場館層、海外機構層、宣傳媒體層、學術研究層、參展企業層、展會觀眾層、教育培訓層、中介組織層。這些層面都有著自己的價值取向和相關利益。中國的會展業正處於社會經濟的轉型期，這些層面形成了錯綜複雜的利益關係，不易處理。

（二）面對大量實際問題的會展管理滯後性

中國對展覽管理曾多次下文，但每次都沒有得到貫徹執行。中國入世以後，對展覽管理的文件也在不斷清理，但是便於操作檢查的新的辦法卻仍是不甚清晰明瞭。譬如，在實施《行政許可法》以後，對出國展覽活動的審批和管理就還沒有詳細的實施辦法。

（三）開放入世帶來會展業國際合作競爭的複雜性

會展業對中國相關經濟的帶動作用以及社會影響力都越來越大，因此，對會展產業本身及其相關產業安全都不能忽視。特別是在中國改革開放的大背景和大格局之下，準確把握開放與保護的原則與策略，就成為題中應有之義。

三、中國會展業的政府投資型發展模式

目前，中國會展發展模式主要是政府投資型的政府主導模式。政府投資型會展的管理模式主要是各級政府及其直屬部門、機構是辦會辦展的投資主體，政府參與直接運作或政府委託專業會展公司進行項目運作。就現實情況看，基本分為兩大類，一是政府設立會展項目管理辦公室，第二類是政府的會展項目部分業務內容委託專業公司操作。

第一種模式的突出特點就是政府直接參與會展項目的運作及管理。優點在於政府直接控制展會的運作及管理的各個細節，但缺點是政府辦展的非專業化水平會影響會展項目的運作管理水平。

第二種模式中，政府起主導作用並進行整體管理，由專業會展公司進行項目的運作及細節管理。這種模式的優點在於專業會展公司可以彌補政府直接運作及管理展會的不足。但缺點是專業公司僅在項目執行階段介入，對前期策劃的失誤或不足無力調整，另外，一旦所選會展公司的運作能力不強，將影響展會效果。

但是，從中國目前會展市場的實際來看，政府不應該也不可能在現階段完全退出會展項目的投資領域。

第一，公益性會展需要政府主導。和商業性會展不同，公益性會展所取得的主要收益是社會效益。這種社會效益的獲得是政府需求之一，政府有理

由投資主辦該類展覽。而作為以營利為目的的會展企業不可能成為該類會展項目的主辦主體，該類展覽一般也只能由政府或不以營利為目的的社會組織進行投資。尤其是像廣交會、糖酒會、科博會、義博會、中國—東盟博覽會等一些重中之重的會展項目更是如此。

第二，會展業帶動區域經濟與產業經濟發展的性質與政府的職責吻合。中國政府主導型展會儘管在數量上仍是少數，但對國民經濟的拉動作用，卻占到整個會展業的 70% 以上。從國外發達國家的經驗來看，政府部門也對某些會展項目進行直接投資或以返稅的形式進行間接扶持。

第三，目前政府成為會展投資主體的傳統受原有經濟模式的影響。這種傳統的形成影響了會展企業的成長，完全依賴現有會展企業來辦展，也無法滿足會展市場的需求。從這個角度講，政府投資辦會展其實也增加了會展市場的有效供給。

避免政府投資型會展的傳統管理模式所存在的問題，可以採用會展業的項目管理承包（PMC）模式。PMC 模式是項目管理公司受業主的委託，從項目的策劃、定義、設計到竣工投產為業主提供全過程項目管理承包服務。項目管理公司具有很強的項目管理能力，它能有效地彌補業主項目管理知識與經驗的不足。對於大中型項目，國外業主一般都不直接尋找承包商，而是透過招標，首先選擇有經驗、有競爭力的項目管理承包商，再由項目管理承包商代表業主組織招標和評標，選擇會展專業公司或者分包商，並對其進行全過程的管理工作。

四、中國會展業的主要特徵

從會展數量看，中國已經成為會展業大國，但中國目前還不屬於會展業強國。從效益、質量、水平等方面來看，中國會展業還不夠成熟，「小、亂、散、差」的情況比較嚴重。會展活動的地域、行業分布很不均衡，統一、開放、競爭、有序的全國會展業市場體系尚未形成，市場行為規範化程度不高，展覽行業服務等相對滯後。

（一）會展業市場化程度偏低

中國會展業的市場化程度還很低，行業內計劃經濟體制的慣性不利於統一、開放、競爭、有序的全國會展業市場體系的形成。中國會展業的資源配置、地域布局對行政的依賴度還相當高。會展經營者在以市場手段開展經營活動的背後，隱藏著對政府、行業部門的依附，行政條塊對會展市場的分割，也造成行業內市場競爭不充分，影響行業資源的優化配置。

（二）會展業市場開放度不高

中國會展業相對低下的市場開放度，阻礙了行業內資本市場的形成，使行業發展缺乏後勁。順暢的投融資機制是行業發展的助推器。由於中國會展業向外資和民營資本的開放不夠充分，業內原有經營者又受到行業、地區門戶的束縛，行業內部資本流動和外部資本流入受阻，圍繞會展行業的投融資機制暫時難以形成，會展領域裡現代企業制度的建立也就無從談起。

（三）粗放型的會展業發展方式

中國會展業目前呈現出的繁榮景象，不是會展業自身調整、主動適應市場經濟而實現的集約型的發展，而是一種粗放型的增長方式，與成熟的國際會展業存在著質的差別。中國會展業的快速發展，是建立在小型場館和小型展會數量迅速增加的基礎上的。與展會規模不斷擴張的國際上成熟的會展業相比，中國會展業的特點是規模小、數量多、行業集中度和延展性弱。因而，儘管會展數量增長很快，但規模、檔次、質量不高，並存在低層次重複辦展現象。競爭和開放的不充分，導致當前中國會展業的發展體現為一種粗放型的量的擴張，急需向注重內在質量的集約型發展方式轉變。

（四）會展業發展結構和布局不平衡

中國會展業的發展還很不平衡，行業布局和產業結構均需要調整。一大批會展場館落成後，會展組織、展臺設計與搭建、物流、資訊諮詢等方面的服務能力在一些地方發展相對滯後，軟體與硬體發展的不配套造成會展設施閒置。在另一些地方，會展場館供不應求，硬體設施成為行業進一步發展的瓶頸。

（五）會展業的行業自律和公共服務體系薄弱

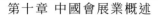

中國會展業的自身建設還非常薄弱,亟待建立行業自律和公共服務體系。會展業自身要樹立和堅持全面、協調、可持續的發展觀,積極推行行業自律,建立行業公共服務體系,開展行業自身建設。

相關連結

廣州會展業概況

2005 年 4 月 21 日,廣州市會展業行業協會成立;廣州會展業發展規劃首次被列入廣州市服務業發展「十一五」規劃;亞洲最大、設施最完善、最現代化的廣州國際會展中心(以下簡稱琶洲展館)進一步投入使用;同年 10 月,「2005 中國錦漢禮品、家居用品及裝飾品交易會」成為廣州首個獲得 UFI 認證的展會;同期,廣州第一家中外合作展覽公司——廣州光亞法蘭克福展覽公司成立……透過這一系列的動作可以看出,2005 年廣州會展業得到了快速發展,緊逼北京、上海。廣州市政府給其會展業提出更高的目標:將廣州建設成為亞洲主要會展城市,到 2010 年,會展業將成為廣州市經濟發展的重要支柱產業,會展業直接收入 30 億元,占全市 GDP 總量的 5%,安排就業人員 50 萬人。

1. 展館布局:「新琶洲」、「老流花」。展館是展覽業發展的硬體,和北京大型展覽在展館方面嚴重匱乏相比,廣州舉辦展覽則顯得得心應手。據瞭解,具有「中國第一展」之稱的廣交會已於 2006 年將一部分展區移到琶洲展覽館,而預計到 2008 年,將整體從原來的流花路舊址遷移到琶洲。廣州整個展覽圈的重心已慢慢往琶洲轉移,而廣交會的舊址——位於城市商業中心的流花館則退為附屬的展覽館。以往由於場地空間的「先天缺陷」,許多體形較大的展品,比如重型機械展很難進入廣州的展覽,使得廣州會展的展品一直以精小為主,美食博覽會、服裝博覽會、精品博覽會占據著廣州會展市場的過半比例。而在琶洲展館全部投入使用之後,這種狀況將會得到改變。未來幾年裡,琶洲將成為廣州的會展圈。廣州市政府在培育「老流花」和「新琶洲」兩個展區方面將平分秋色。2007 年,流花展館將向廣州市政府移交,而廣州市政府目前已確定,流花展區將保留其展館功能,繼續利用其良好的資源和周邊的配套設施。

2. 展覽功能：交易？展覽？交易量並不是最重要的，現代企業更看重品牌的宣傳效果。廣州的展覽會向來以交易性為功能特點，不少展覽會過度強調即期交易量、簽單量、成交額。長期的經驗在交易功能上較為集中，而在專業展示性方面仍是一個弱項。這也對廣州會展的國際知名度有一定的影響。從類型上看，會展已由綜合性發展成為專業性，展覽會的功能不能侷限於即期交易，而更應該看重專業展示的長遠效應。但是，廣州的會展似乎更加注重交易性，至少目前仍為如此。不少主辦方在推薦展會的時候，開始淡化交易量，更加注重企業參展的品牌宣傳效果。而以廣交會和美博會為主的很多廣州展會，好像還是以之前的交易性為功能特點。在現代展會正在向展示性功能轉變的進程中，廣州的步伐似乎有些落後。無論是「中國出口商品交易會（廣交會）」，還是廣州剛剛獲得 UFI 認證的「中國錦漢禮品、家居用品及裝飾品交易會」，都掛有交易會的「後綴」。另外，美博會號稱美容美髮產品的商家訂貨會，同樣以交易量大著稱。

3. 市場方向：以「泛珠」產業為依託。據統計資料顯示，廣東的工業行業中，電子資訊製造業、機電業等 53 個行業的產值均居全國首位；在國家所列的 30 種主要產品中，有 7 種廣東產量第一；全國範圍內市場占有率超過 20% 的行業廣東有 9 個，工業銷售收入占全國的 12%。廣東家具業產值占全國 1/3，出口占 2/3，遙遙領先於各地。珠江三角洲經濟帶已成為世界最大的一個生產基地，其中有「東莞停工，世界缺貨」一說的東莞「三來一補」加工中心，首屈一指的順德家電業、中山的燈飾和服裝業、佛山的陶瓷業。正是基於這些雄厚的產業基礎條件，廣州才有廣交會的成功，成就了亞洲最大的美容美髮化妝品展，廣州的名家具展也達到 25 萬平方米。舉辦會展離不開兩種優勢資源：一是供應商，另一個是買家，廣州現在這兩種資源仍非常充足，首先是區位的客觀優勢，作為南中國的核心城市，廣州處於中國經濟發展最快、最具活力的珠三角經濟圈的核心地帶，會聚經濟圈的資源優勢，是華南地區人流、物流、資金流、資訊流最大的集散地和區域性中心城市。在「泛珠三角」、「兩小時會展圈」概念之下，廣交會的成功的確帶動了一批展會興起。「兩小時會展圈」是指珠三角與香港、澳門這個會展黃金帶，香港、廣州、深圳、順德、東莞等珠三角會展產業帶，因為地域相鄰，海外

參展商來香港或深圳參展，同期可以到廣州、東莞、順德、中山等地看多個展覽，並且可以直接到工廠看樣品。不過，廣交會在廣州會展業的影響太大，這也是在廣州搭便車的展覽多，區域性會展偏多的原因。因此，「十一五」期間，廣州會展業要從數量擴張到數量與質量並舉，走資源整合、規範管理、協調發展的道路。

4. 威脅：中心城市地位下降。根據《廣州總體發展概念規劃研究》中的闡述，就廣州城市關係與會展發展情況而言，廣州對於周邊城市經濟的輻射作用漸弱。廣州在珠江三角洲地位的下降可以用經濟首位度、城市人口首位度和市場規模首位度三個指標下降進行描述。作為最早的市場開放城市以及廣交會所在城市，廣州一直具有很強的出口能力。但是近年來其市場規模已經被深圳以及東莞所超過。2002 年海關出口總額廣州為 137.77 億美元，東莞為 237.33 億美元，深圳為 465.43 億美元。這種中心城市地位的喪失，對於廣州會展的發展十分不利，並使得許多周邊城市的會展需求不再集中到廣州會展市場釋放，而在本地解決。譬如，珠江三角洲周邊地區的許多中型城市如深圳、東莞、順德等城市隨著經濟的高速發展，已經成為珠江三角洲地區的新興中心城市。這些城市中已經形成或正在形成自身的展覽市場。例如，深圳的高交會等，在東莞所舉辦的「小交會」，以及在東莞、順德、深圳也各有 40000 平方米以上的家具展，都在本地甚至全國具有一定的影響力。

與北京、上海作為區域內唯一高等級城市發展自身會展的模式有所不同，在整個珠江三角洲經濟區域內，除了廣州以外，深圳、香港也擁有很高的城市等級和發展會展強大的實力。這無疑會進一步分流廣州的會展資源。尤其是香港，已經在世界展覽界確立了自己穩固的地位，加之近期內地與香港政策調整帶來的正面影響，即直接投資與貿易的加強，使香港在整個區域內的經濟實力得以鞏固。在這種外來競爭壓力的影響下，廣州會展的發展具有一定的侷促性。因此，求新、求變，改變現有的模式是廣州會展發展的必然趨勢。

由此可見，廣州會展業所面臨的競爭不是來自北京、上海，而是來自珠江三角洲內周邊其他城市。而且，由於廣州中心城市地位的下降，這種競爭壓力將會增大。廣州及周邊地區場館面積、攤位統計結果表明，廣州周邊中

小型城市內的會展面積與廣州市的會展面積之間相差不是十分明顯。由此可以看出，廣州雖然有「中國第一展」——廣交會作支持，但仍面臨很大的競爭壓力。

（資料來源：吳文婉．廣州：「泛珠三角」概念之下的擴張之路．中國經營報）

第三節 中國會展業的發展趨勢

一、中國會展業的發展前景

中國的會展業起步晚，發展快，發展前景非常廣闊。會展業是中國今後 10 年最具發展潛力的十大行業之一。其原因在於：

第一，中國社會主義市場經濟體制的進一步完善，統一、開放、競爭、有序的全國市場體系的形成，將為中國會展業持續發展和實現質的飛躍，提供更加有利的體制環境和體制保障。

第二，中國經濟總量的持續增長、產業結構的調整和第三產業的全面發展，將為中國會展業的發展提供強有力的產業背景支持和基礎設施支撐。

中國現代製造業迅猛發展和全球製造中心地位的形成，將使更多行業、更多領域的專業會展迅速成長起來。中國巨大的市場潛力將吸引越來越多的外國企業前來推介產品，樹立品牌，開拓市場，必將帶動會展需求進一步增大。

在中國經濟持續快速發展的進程中，第三產業得到全面發展。黨的「十六大」進一步提出，要「加快發展現代化服務業，提高第三產業在國民經濟中的比重」。金融、物流、旅遊等服務業的發展和城市交通、通訊等基礎設施的改善，將為會展業提供更好的配套設施和服務。

第三，世界經濟的全球化和區域化發展，中國的全方位對外開放，將帶動中國會展業向更高的層次發展。

世界經濟全球化所帶來的資本、資訊、資源、人才、技術等生產要素在全球範圍內的自由流動，亞洲世界經濟中心地位的逐漸形成和中國在該區域

內經濟政治影響力的增長，將使中國處於開展多形式、多層次、多領域國際經濟技術交流與合作的中心地位，這一方面會帶動會展業務大幅增加，另一方面會促進中國會展領域裡的國際資本運作、品牌併購、人才交流和技術引進，必將有力推動中國會展業量的放大和質的提升。可以預期，中國將成為亞洲的世界性會展大國和會展強國。

二、中國會展業的發展趨勢

在 2005 年年初舉辦的中國會展經濟國際合作論壇上，國務院副總理吳儀提出展覽業在走法制化、市場化、產業化、國際化的發展道路。這是幾十年以來中國領導人首次明確提出的中國會展業發展目標。中國會展業要朝著法制化、市場化、產業化、國際化的方向發展，既是對過去幾十年中國會展業發展的深刻總結，也是解決中國會展業發展中存在問題的總體思路，或者說未來中國會展業的發展趨勢。

（一）法制化

法制化，就是要健全會展業法制建設，規範會展市場秩序，創造會展業發展的良好外部環境；積極推動會展立法，使會展業發展有法可依，走規範化發展道路。

改革會展業管理體制是法制化的內在要求，首當其衝的是要建立符合市場經濟體系體制要求的會展業宏觀調控體系。會展業宏觀調控體系的建立，主要涉及政府職能的轉變。其應有之義是，政府將從利用行政手段干預或直接參與微觀會展經營活動，轉變到利用法律手段和經濟手段調節會展業的發展上來。其主要內容是：透過立法或制定行政法規，規範會展經營行為，使有關執法部門以可預見的方式在工商登記、貨物檢驗和通關、公共安全登記等方面提供服務、進行監管；透過稅收、財政資助等機制調節會展活動。

（二）市場化

市場化，就是按會展業市場規律辦事，從以行政導向為主轉向以市場導向為主，增強會展業自我約束、自我發展的能力；進一步發揮市場在會展資源配置中的作用，使市場這只「看不見的手」在推動會展業發展中發揮更大

作用。隨著會展業市場準入的進一步開放，特別是外資的進入，會展業的競爭將進一步加劇，少數壟斷企業的定價能力將弱化。另外，價格雙軌製作為特定歷史時期的產物也將在短時期內消亡。

展覽業市場化的過程在很大程度上取決於政府的職能和管理方式的改變。以政府部門為依託的展覽企業普遍存在預算軟約束的問題，資源浪費嚴重。隨著政府職能的轉變、科學發展觀的深入人心，政府將逐步退出辦展領域。為了應對日益複雜的市場環境，政府的作用將向制定規則和對市場主體的服務、監督方向過渡。

但由於計劃經濟時代資源大量集中在政府部門手中，在轉軌時期國有部門順理成章地承接了這種資源優勢，所以國有部門在一定時期內仍然會占據主導地位。會展場館仍然主要以國有為主，這決定於會展經濟的特點：場館一般難以靠自身的運營收回投資，其效應往往主要體現在對旅遊、運輸、餐飲等相關產業的拉動作用上，因而適於政府透過稅收的增加享受展覽帶來的好處。目前從為數不多的民營企業收購、經營場館的案例中，我們還沒有找到依託會展經營的營利模式，但總的市場主體發展趨勢仍將表現為「國退民進」。這一過程有時會持續很長一段時間，從而表現為轉軌時期國有經濟與私營經濟長期並存的二重經濟。

市場運行的根本在於市場參與者不依附於政府指令的自主決策，而私有財產是這種自主權的前提。轉軌時期，企業自主經營和產權界定將推動市場這一因素切實發揮作用，而且清晰的產權有利於降低交易成本，提高市場運行效率。可以預見，中國會展業在產權方面將面臨變革。相信隨著準入壁壘的取消以及新一輪企業改制的推進，大量企業將從幕後走向前臺，其中自然不乏民營企業，新的產權交易及重組將悄悄展開。

市場化要避免行業協會政府化。行業協會的原始作用是建立多邊信用約束機制，會展協會應順理成章地擁有協調職能。會展協會將發揮什麼樣的作用取決於其組成方式。協會如果能透過資訊服務、協調、自律等手段使會展業出現公平競爭的良好格局，那麼這將是一種理想的狀態。同時，成立協會也要堅決避免其潛在的負面作用，如過度政府化，協會成為「二政府」，或沉湎於排他性的限制競爭手段。

（三）產業化

產業化，就是要進一步確立會展業在國民經濟體系中的地位，完善會展產業鏈，發展上下游相關服務環節，健全會展業服務體系；充分發揮會展業對各行各業發展的促進作用，並重視與會展相關的服務行業的發展，為會展業發展創造良好的硬體基礎和軟體環境。

展覽業產業化的內在要求是展覽專業化。社會分工越來越細，要求專業化的會展與其相對應。展覽專業化在宏觀上應該是指展覽業以專業貿易展為主導的發展方向，在微觀上是指從策劃到操作這些具體辦展過程的專業化。中國目前受政府推動的許多大型展覽會雖冠以科技、工業等主題，但這些題目仍然顯得太大、太空泛，也不夠專業。

展覽的專業化重要性不遜於規模化。展覽只有達到一定規模才能達到盈虧平衡點（breakeven），但一味追求展覽規模也可能導致欲速不達。規模是否合理，要取決於產業的規模、市場的容量等多方因素。合理的規模才應該是組織者追求的目標。抑制擴張衝動，保持展覽的高度專業化和最經濟的規模和品質，對組織者來說更為艱難。

會議的產業化是市場經濟發展到一定階段的產物。企事業單位的經營管理需要構成了會議產業化的現實需求，市場主體的有效操作使這種需求形成產業化發展。會議的產業化發展趨勢是：

企業內部會議產業化。企業內部會議種類很多，除了那些對參加者進行獎勵的會議之外，絕大多數會議都不可作為產業化經營的對象。從企業的類別來看，高利潤而且重視個人業績的行業如直銷、保險、中介業，人力密集的製造業、高科技產業，公司規模較大且制度比較健全的企業容易接受這種會議形式。

企業對外資訊發布會和產品展示會的產業化。這類會議對企業的營銷價值不用贅述，但如果由企業自己舉辦會耗費太多的人力、物力和時間。而且由於缺乏專門人才，辦會效果不會太好。因此，現在除了一些大型、特大型企業外，一般中小企業的這類會議都由專門的服務企業集中舉辦。在中國，越來越多的這類會議由會展企業承辦。

研討會、報告會的產業化。這類會議對企業的價值主要在於會議的內容及作為溝通方式的會議形式的獨特魅力。如何推銷產品，並建立起廣泛的商業關係，是每一個企業的中心任務。雖然現代通訊技術與傳播手段可以讓企業比較容易地與社會進行溝通，但這樣的溝通並不能保證達到最佳的效果。因為高效溝通除了需要傳遞資訊外，還需要傳遞思想和情感。而思想和情感溝通的最佳方式並不是語言，而是包括動作、表情和眼神的肢體語言，這就需要面對面的溝通。一般的企業總是願意參加各種相關的協會以及這些協會組織的會議。在中國，這類會議的產業化程度還不高。

企業管理培訓會議的產業化。針對企業的各類培訓會、研修會的興起，是企業重視人才的一種市場反映。而培訓是企業會聚人才、發掘人才最為有效的方式。中國企業以往習慣於在實踐中學習，但現在，大舉進入的國外企業不僅帶來資金和技術，還帶來新的管理方式和經營理念，這些對於中國的一些企業來說還很陌生。因此培訓就顯得越發重要。目前中國的企業管理培訓市場發展很快，未來還將會有相當大的發展。

（四）國際化

國際化，就是要從全球視角審視中國會展業，主動融入國際會展市場，積極尋求國際會展合作，增強中國會展業的國際競爭力；要善於學習、借鑑會展業發達國家的管理經驗、經營理念、運作手段等，以增強中國會展業發展的後勁。

經濟轉軌時期中國會展業的發展實際上始終伴隨著國際化的不斷推進。特別是近年來，國際上大的展覽企業紛紛進入中國展覽市場，一大批國際知名的品牌展覽會被移植到中國；中外企業合作辦展的模式在中國已屢見不鮮；中外合資展覽企業也司空見慣。出國展覽方面，企業從參加國外的展覽會開始轉向嘗試到國外自主辦展。

不過，中國會展業的開放程度還有待於提高，在國際化方面仍然有進一步推進的空間。宏觀上看，國際化與市場化、法制化應該是一致的。加入WTO 要求我們制定和遵循與其他成員國家相一致的遊戲規則，也就是在管理上要體現法制化，法制化的重點又在於如何規範市場、營造良好的經營環

境，而不是維護過多的不必要的管制。從這個意義上說，行業自律將成為重要的行業協調模式，政府將在《行政許可法》的指導下透過法制化的方式保障會展市場的開放、競爭和有序；對外資在市場準入等方面的限制也將逐步減少直至消失。國際化在微觀上的發展趨勢將主要表現在國際合作上。類似中國貿促會與美國中小企業協會和 IAEM 簽署的合作協議就集中體現了國際合作的精神，值得好好落實。

相關連結

成功舉行世貿會議 香港名垂青史

世貿香港會議經過 6 天的艱苦談判，終於峰迴路轉，柳暗花明，於 18 日晚上通過香港宣言的修訂文本而正式閉幕。香港各大報今天紛紛發表社評，對此次香港會議的成功舉行給予積極評價。

香港《文匯報》的社評指出，香港成功舉辦世貿會議，完成了多哈回合談判的關鍵階段，為全球自由貿易進程做出了巨大貢獻，贏得舉世讚賞。會議雖令香港付出了高昂代價，但仍然是得大於失，香港在全球多邊貿易體制中的影響將擴大，並將獲得巨大的貿易利益。香港國際都會品牌和國際會議中心的地位，也將進一步提升。

該社評認為，世貿會議對香港的利弊宜全面和長遠評估。首先，會議的成功在世貿發展史上創造了奇蹟，香港對自由貿易的貢獻將名垂青史，這將提升香港在全球多邊貿易體制中的地位。協定若落實，香港十大出口產品將來每年可節省約 77 億元關稅。其次，會議成功令香港的城市管治能力得到鍛鍊和世界認可，有助於營造香港國際都會品牌，提升香港國際會議中心地位，展示香港市民包容、自由和文明的形象，進一步擴大香港的影響。

香港《大公報》的社評指出，會議進展維艱，爭持激烈，主要是因發達國持雙重標準，一方面打著自由貿易的旗幟高調要人家開放市場，另一方面卻又實行保護主義抗拒開放本國市場。最終取得的一些成果，也是發展中國家奮力爭取而來。故香港會議是多哈回合關鍵一役，它扭轉了之前兩個會議毫無寸進的頹勢，為多哈回合爭取成功奠定了初步基礎。該社評指出，香港

作為東道主，為安排這次會議及保障其進行悉力以赴，毫無疑問是盡了責任，效果良好，亦受到了與會各方讚賞。

香港《明報》的社評說，世貿第六次部長級會議終於順利完成，會場外險象環生，驚心動魄，幸虧警隊與示威者在最後一刻達成協議，避過流血衝突，化險為夷；會場內悶局連場，談判進展緩慢，利益錯綜複雜，最後由於發展中國家團結一致，促使歐盟和美國在最後一刻達成妥協，為取消農產品補貼定出期限。總括來說，香港主辦今次會議是成功的，也是值得的，雖有短暫的不便和困難，但汲取了寶貴的經驗，對促進香港的國際地位和聲譽大有裨益。

《星島日報》的社評說，今次會議達成的各國部長《香港宣言》，固然未能令各方完全滿意，但也取得了一些成果。例如包括歐盟在內的發達國家，雖同意在 2013 年取消所有農業出口補貼，比發展中國家提出的時限遲三年，且不涉及中國傾銷補貼，但總算能夠得出一個時限；而且發達國家和較為富裕的發展中國家，亦同意在 2008 年落實對最不發達國家的免關稅和免配額待遇，有利窮國透過出口來脫貧。會場外的示威對世貿儘是「趕窮人上絕路」的負面評價，並不公正。

《信報》的社評強調，世貿會議成果雖然不是盡善盡美，但香港會議可以在最棘手的農產品問題上達成共識，為多哈回合的未來談判打下良好基礎，《香港宣言》肯定會成為世貿的一個里程碑。

香港《商報》的社評指出，香港會議已載入世貿史冊，成為人類追求公平、自由貿易體系的重要一頁。透過成功舉行會議，香港履行了應盡的國際責任，亦為國際貿易和世界經濟的發展做出了應有貢獻。文章中感謝了所有為香港會議出力的人們，為香港的「盛事之都」寫下了濃墨重彩的一章。

國家圖書館出版品預行編目（CIP）資料

會展概論 /「會展策劃與實務」崗位資格考試系列教材編
委會編 . -- 第一版 . -- 臺北市：崧博出版：崧燁文化發行，
2019.02
　　面；　公分
POD 版
ISBN 978-957-735-698-7(平裝)

1. 會議管理 2. 展覽

494.4　　　　　　　　　　　　　　　　108002147

書　　名：會展概論

作　　者：「會展策劃與實務」崗位資格考試系列教材編委會 編

發 行 人：黃振庭

出 版 者：崧博出版事業有限公司

發 行 者：崧燁文化事業有限公司

E-mail：sonbookservice@gmail.com

粉 絲 頁：　　　　　　　網 址：

地　　址：台北市中正區重慶南路一段六十一號八樓 815 室

8F.-815, No.61, Sec. 1, Chongqing S. Rd., Zhongzheng

Dist., Taipei City 100, Taiwan (R.O.C.)

電　　話：(02)2370-3310 傳　真：(02) 2370-3210

總 經 銷：紅螞蟻圖書有限公司

地　　址：台北市內湖區舊宗路二段 121 巷 19 號

電　　話:02-2795-3656 傳真 :02-2795-4100　　　網址：

印　　刷：京峯彩色印刷有限公司（京峰數位）

定　　價：450 元

發行日期：2019 年 02 月第一版

◎ 本書以 POD 印製發行